LERNPLUS+

DIE LERNHILFE FÜRS GYMNASIUM

MATHEMATIK
6. SCHULJAHR

Schroedel

LERNPLUS+
Mathematik 6. Schuljahr

Autor:
Rainer Hild weiß aus langjähriger Erfahrung als Nachhilfelehrer und Autor für das Fach Mathematik, welche Schwierigkeiten im Mathematikunterricht auftreten können. Er vermittelt Tipps und Methoden, wie Schülerinnen und Schüler diese sicher überwinden können.

ISBN 978-3-507-**23157**-3

Druck [1] / Jahr 2009

Herstellung: Dirk von Lüderitz
Umschlaggestaltung und Layout: Janssen Kahlert Design & Kommunikation GmbH, Hannover
Illustrationen: Dieter Tonn, Bovenden-Lenglern
Redaktion und Satz: imprint, Zusmarshausen
Druck und Bindung: westermann druck GmbH, Braunschweig

Liebe Schülerin, lieber Schüler,

Lernplus hilft dir, die wichtigsten Inhalte des Mathematikunterrichts in der Jahrgangsstufe 6 zu wiederholen, zu üben und besonders die Themen zu trainieren, die erfahrungsgemäß viele Stolpersteine enthalten. Mit Lernplus kannst du deine Wissenslücken schließen.
Alle Kapitel sind überschaubar gegliedert und alle Regeln werden Schritt für Schritt erklärt, bevor du sie in den Übungen selbstständig anwendest.

Training plus fragt dein Wissen am Ende eines Kapitels noch einmal ab. Mithilfe der insgesamt 99 Testfragen kannst du gut überprüfen, wie sicher du die einzelnen Regeln beherrschst.

Den **Abschlusstest** nach jedem Kapitel bearbeitest du so wie eine Klassenarbeit. In den Lösungen findest du eine Punkteübersicht, mit der du deine Leistungen einschätzen kannst.

In Lernplus gibt es außerdem drei besondere Elemente:

Regel

Bei den Regeln werden Formeln, Definitionen und Festlegungen, die du dir merken solltest, verständlich zusammengefasst und anschaulich erklärt. Meist werden sie durch Beispiele ergänzt.

Tipp

Hinweise, worauf du beim Lernen achten solltest oder wie du dir etwas besonders gut merken kannst, findest du bei den Tipps.

Info plus

Weißt du, was es mit den DIN-Formaten auf sich hat oder dass in Europa erst sehr spät mit negativen Zahlen gerechnet wurde?
Für alle, die etwas mehr wissen wollen, bietet Info plus spannende Informationen oder Hintergründe.

Mithilfe der **Lösungen** im Anhang kannst du kontrollieren, ob du die Aufgaben richtig bearbeitet hast und wie viele Punkte du im Abschlusstest erzielt hast.

Wenn du im Buch nicht genügend Platz für die Bearbeitung der Übungen findest, schreibe die Lösungen bitte in ein Heft.

Viel Erfolg beim Üben und Besserwerden mit Lernplus wünscht dir

das **Lernplus-Team**

1 Rechnen mit Brüchen

Eine Schulstunde Mathematik und ein Päckchen Spargelcremesuppe haben etwas gemeinsam: die Zahl $\frac{3}{4}$. Die Mathematikstunde dauert nämlich eine Dreiviertelstunde, und für die Zubereitung der Suppe benötigt man einen Dreiviertelliter Wasser.
Was sind Brüche eigentlich, und wie rechnet man mit ihnen?

1.1 Brüche und Bruchteile

Regel

Teil und Ganzes

- Jeder Bruch besteht aus einem Zähler, einem Nenner und einem Bruchstrich dazwischen. Der Zähler wird über den Nenner geschrieben. Im Bruch $\frac{3}{4}$ ist die Zahl 3 der Zähler und die Zahl 4 der Nenner.
- Der **Nenner** gibt an, in wie viele gleich große Teile das Ganze geteilt werden soll.
- Der **Zähler** gibt an, wie viele von diesen Teilen gemeint sind.
- Brüche mit dem Nenner „0" gibt es nicht, weil man durch 0 nicht teilen kann!
- Wenn in einem Bruch **Zähler und Nenner gleich groß** sind, dann beschreibt der Bruch das Ganze. Der Bruch ist dann die Zahl „1". Zum Beispiel sind $\frac{7}{7} = 1$.
  Und allgemein: $\frac{n}{n} = 1$, mit $n \in \mathbb{N}$.

Beispiel 1: Um zu berechnen, wie viel $\frac{2}{3}$ von 30 Bonbons ist, teilt man zunächst die Gesamtmenge in 3 gleich große Teile.
Ein Teil besteht dann aus 30 Bonbons : 3 = 10 Bonbons,
und *zwei* Drittel sind dann 2 · 10 Bonbons = 20 Bonbons.

1 Gib die gefärbte Fläche als Bruchteil der gesamten Fläche an.

a) ______

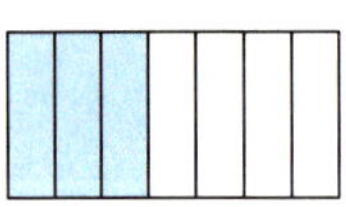

b) ______

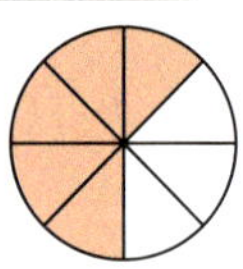

c) ______

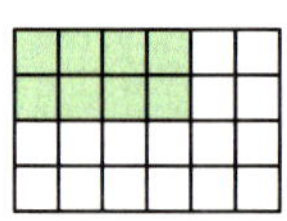

d) ______

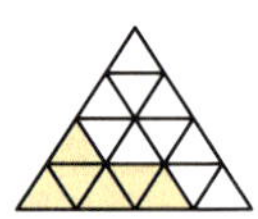

2 Färbe die Fläche, die dem angegebenen Bruch entspricht.

a) $\frac{7}{10}$ b) $\frac{3}{4}$ c) $\frac{5}{6}$ d) $\frac{3}{16}$

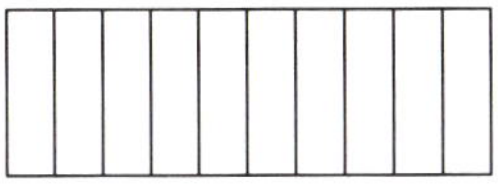
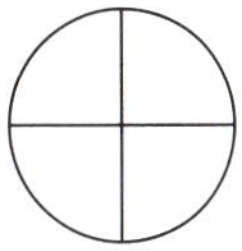
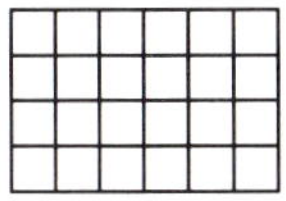
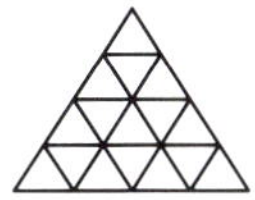

3 Eine Schulklasse besteht aus 32 Schülern. 20 davon sind Mädchen und der Rest sind Jungen. Gib den Anteil der Mädchen und Jungen als Bruch an.

Mädchen: ____________ Jungen: ____________

4 Berechne.

a) $\frac{2}{5}$ von 150 Bäumen 60 Bäume
b) $\frac{4}{7}$ von 56 Kindern 32 Kinder
c) $\frac{3}{4}$ von 80 € 60 €
d) $\frac{3}{8}$ von 64 Autos 24 Autos

Regel

Brüche als Maßzahlen

Brüche tauchen im täglichen Leben sehr oft als Maßzahlen vor Maßeinheiten auf. Beispielsweise dauert eine Schulstunde (in der Regel) eine Dreiviertelstunde. Man kann diese Angaben oft in ganze Maßzahlen umrechnen, wenn man die nächstkleinere Maßeinheit benutzt.

Beispiel 2: Gib in der nächstkleineren Maßzahl an.

a) $\frac{3}{4}\,\text{h} = \frac{3}{4}$ von $60\,\text{min} = 3 \cdot (60:4)\,\text{min} = 45\,\text{min}$

b) $\frac{2}{5}\,\text{km} = \frac{2}{5}$ von $1000\,\text{m} = 2 \cdot (1000:5)\,\text{m} = 400\,\text{m}$

c) $\frac{3}{10}\,\text{m}^2 = \frac{3}{10}$ von $100\,\text{dm}^2 = 3 \cdot (100:10)\,\text{dm}^2 = 30\,\text{dm}^2$

5 Gib in der nächstkleineren Maßeinheit an.

a) $\frac{5}{8}\,\text{t} =$ $\frac{5}{8}$ von 1000 Kg = 5 · (1000 : 8) Kg f
b) $\frac{3}{5}\,\text{kg} =$ 600 g
c) $\frac{2}{3}\,\text{h} =$ 40 min
d) $\frac{1}{8}\,\text{km} =$ 125 m
e) $\frac{1}{4}\,\text{min} =$ 15 s
f) $\frac{1}{5}\,\text{m} =$ 20 cm f
g) $\frac{2}{5}\,\text{m}^2 =$ 2 dm² f
h) $\frac{3}{8}\,\ell =$ 125 f
i) $\frac{3}{4}\,\text{Jahr} =$ 4 Monate f
j) $\frac{1}{2}\,\text{cm}^3 =$ 5 mm f

1.2 Unechte Brüche und gemischte Zahlen

Regel

Wenn in einem Bruch der Zähler größer als der Nenner ist, dann ist der entsprechende Bruchteil größer als das Ganze. Daher werden solche Brüche als **unechte Brüche** bezeichnet. Man kann sich einen unechten Bruch als eine Summe veranschaulichen, die aus einer ganzen Zahl und einem echten Bruch besteht.

Beispiel 2: In der Grafik ist der unechte Bruch $\frac{9}{4}$ veranschaulicht: Insgesamt sind neun Viertelkreisausschnitte blau markiert. Wie man sieht, sind das 2 ganze Kreise plus $\frac{1}{4}$ Kreis. Man kann daher für den unechten Bruch $\frac{9}{4}$ auch schreiben: $\frac{9}{4} = 2\frac{1}{4}$

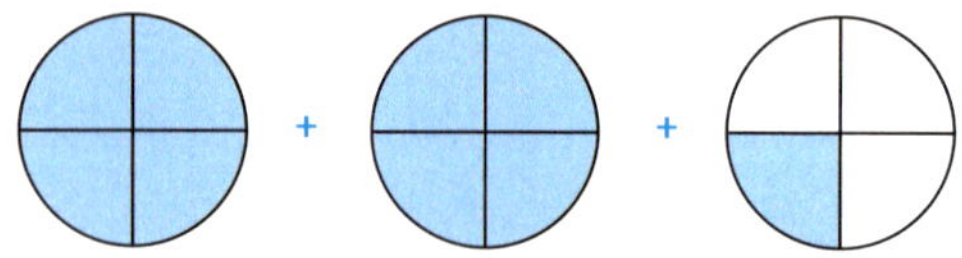

Solche Ausdrücke, die aus einer natürlichen Zahl und einem echten Bruch bestehen, nennt man **gemischte Zahlen**.

Regel

Umwandlung von echten Brüchen und gemischten Zahlen

- Einen unechten Bruch wandelt man in eine gemischte Zahl um, indem man zunächst berechnet, wie oft der Nenner in den Zähler passt. Das Ergebnis ist die ganze Zahl in der gemischten Zahl. Der Rest, der bei dieser Rechnung übrig bleibt, ist der Zähler des Bruchs in der gemischten Zahl. Der Nenner der gemischten Zahl ist derselbe wie im unechten Bruch.
- Umgekehrt kann man eine gemischte Zahl in einen unechten Bruch umrechnen, indem man zunächst den Nenner mit der ganzen Zahl multipliziert und den Zähler addiert. Das Ergebnis ist der Zähler im unechten Bruch. Der Nenner des unechten Bruchs ist wieder derselbe wie in der gemischten Zahl.

Beispiel 3:

a) Wandle den unechten Bruch $\frac{13}{5}$ in eine gemischte Zahl um.
Die 5 passt 2-mal in die 13. Somit ist die ganze Zahl 2. Der Rest ist $13 - 2 \cdot 5 = 3$.
Das ist der Zähler im Bruch der gemischten Zahl. Somit ist: $\frac{13}{5} = 2\frac{3}{5}$

b) Wandle die gemischte Zahl $4\frac{2}{3}$ in einen unechten Bruch um.
Für den Zähler des unechten Bruchs erhält man: $3 \cdot 4 + 2 = 14$.
Somit ist: $4\frac{2}{3} = \frac{14}{3}$

6 Wandle in eine gemischte Zahl um.

a) $\frac{8}{3}$ = $2\frac{2}{3}$ b) $\frac{3}{2}$ = $1\frac{1}{2}$ c) $\frac{12}{5}$ = $2\frac{2}{5}$ d) $\frac{19}{8}$ = 1 f

7 Schreibe als unechten Bruch.

a) $1\frac{1}{4}$ = $\frac{5}{4}$ b) $2\frac{1}{2}$ = $\frac{5}{2}$ c) $5\frac{3}{8}$ = $\frac{43}{8}$ d) $12\frac{2}{5}$ = $\frac{62}{5}$ f

8 Gib in der nächstkleineren Maßeinheit an.

a) $3\frac{1}{2}$ t = ~~40~~ 3500 Kg b) $5\frac{3}{4}$ ℓ = 5750 ml

c) $2\frac{3}{4}$ h = 165 min d) $4\frac{2}{5}$ km = 4400 m

e) $1\frac{1}{4}$ min = ~~64 Sek~~ 75 s f) $7\frac{3}{8}$ kg = 7375 g

1.3 Erweitern und Kürzen von Brüchen

Regel

- Man **erweitert** einen Bruch, indem man seinen Zähler und seinen Nenner mit derselben natürlichen Zahl (≠ 0) multipliziert.
- Man **kürzt** einen Bruch, indem man seinen Zähler und seinen Nenner durch dieselbe natürliche Zahl (≠ 0) dividiert.
- Beim Erweitern und Kürzen bleibt der Wert eines Bruchs erhalten.

Das Erweitern spielt beim Größenvergleich (Seite 11) und bei der Addition bzw. Subtraktion von Brüchen (Seite 12) eine wichtige Rolle. Das Kürzen ist wichtig, um beim Rechnen mit Brüchen möglichst große Zahlen im Zähler bzw. Nenner eines Bruchs zu vermeiden.

Beispiel 4:

a) Erweitere $\frac{7}{8}$ mit 5. $\frac{7}{8} = \frac{7 \cdot 5}{8 \cdot 5} = \frac{35}{40}$

b) Kürze den Bruch $\frac{24}{36}$ so weit wie möglich. $\frac{24}{36} = \frac{24 : 12}{36 : 12} = \frac{2}{3}$

Tipp

Wenn man beim Kürzen den größten gemeinsamen Teiler (ggT) zwischen Zähler und Nenner nicht gleich sieht, kann man den Bruch auch **schrittweise kürzen**. So kann $\frac{24}{36}$ zunächst mit 2, dann noch mal mit 2 und schließlich mit 3 gekürzt werden: $\frac{24:2}{36:2} = \frac{12}{18} \Rightarrow \frac{12:2}{18:2} = \frac{6}{9} \Rightarrow \frac{6:3}{9:3} = \frac{2}{3}$.
Wenn man mit dem Zähler kürzen kann, bleibt im Zähler die „1" übrig: $\frac{4:4}{8:4} = \frac{1}{2}$.
Wenn der komplette Nenner gekürzt werden kann, darf man ihn weglassen: $\frac{6:3}{3:3} = \frac{2}{1} = 2$.

9 Erweitere den Bruch mit der angegebenen Zahl.

a) $\frac{2}{3}$ mit 4; $\frac{2}{3} =$ ______ b) $\frac{3}{5}$ mit 7; $\frac{3}{5} =$ ______ c) $\frac{6}{7}$ mit 2; $\frac{6}{7} =$ ______

10 Mit welcher Zahl wurde erweitert? Ergänze die fehlende Zahl.

a) $\frac{3}{5} = \frac{}{25}$; erweitert mit ______ b) $\frac{3}{4} = \frac{18}{}$; erweitert mit ______

c) $\frac{4}{7} = \frac{}{49}$; erweitert mit ______ d) $\frac{7}{12} = \frac{}{60}$; erweitert mit ______

11 Erweitere auf den angegebenen Nenner.

a) $\frac{3}{5} = \frac{}{10}$ b) $\frac{3}{4} = \frac{}{28}$ c) $\frac{2}{3} = \frac{}{12}$

d) $\frac{7}{5} = \frac{}{20}$ e) $\frac{17}{25} = \frac{}{100}$ f) $\frac{13}{15} = \frac{}{60}$

12 Kürze soweit wie möglich.

a) $\frac{2}{4} = \frac{1}{2}$ ✓ b) $\frac{6}{9} = \frac{2}{3}$ ✓ c) $\frac{15}{18} = \frac{5}{6}$ ✓

d) $\frac{15}{10} = \frac{3}{2}$ ✓ e) $\frac{24}{32} = \frac{3}{4}$ (✓) f) $\frac{16}{48} = \frac{2}{6} = \frac{1}{3}$ ✓

g) $\frac{32}{16} = \frac{4}{2} = \frac{2}{1}$ ✓ h) $\frac{56}{63} = \frac{8}{9}$ (✓) i) $\frac{105}{165} =$ ______

1.4 Größenvergleich von Brüchen – der Hauptnenner

Regel

Größenvergleiche

- Brüche, deren Nenner gleich sind, werden **gleichnamige Brüche** genannt. **Von zwei gleichnamigen Brüchen ist derjenige der größere Bruch, dessen Zähler größer ist.**
- Will man **ungleichnamige Brüche** miteinander vergleichen, macht man sie zunächst gleichnamig. Dazu bestimmt man das kleinste gemeinsame Vielfache (kgV) ihrer Nenner (Hauptnenner).
- Bei **gemischten Zahlen** ist derjenige Bruch der größere, bei dem der ganze Anteil größer ist. Vorsicht beim Größenvergleich von gemischten Zahlen und **unechten Brüchen**! In diesem Fall muss man beide Brüche in unechte Brüche oder gemischte Zahlen umwandeln (siehe Beispiel 5c).

Beispiel 5: a) $\frac{7}{12}; \frac{11}{12}$ → gleichnamig; $\frac{11}{12}$ hat größeren Zähler, also: $\frac{11}{12} > \frac{7}{12}$.

b) $\frac{7}{15}; \frac{9}{20}$ → $\frac{7}{15} = \frac{7 \cdot 4}{15 \cdot 4} = \frac{28}{60}$ und $\frac{9}{20} = \frac{9 \cdot 3}{20 \cdot 3} = \frac{27}{60}$, also $\frac{7}{15} = \frac{28}{60} > \frac{9}{20} = \frac{27}{60}$

c) $2\frac{3}{4}; \frac{21}{8}$ → $\frac{21}{8}$ ist ein unechter Bruch: $\frac{21}{8} = 2\frac{5}{8}$; die ganzen Anteile sind gleich groß (2); gleichnamig machen der Bruchteile führt zu $\frac{3}{4} = \frac{6}{8} > \frac{5}{8}$; also $2\frac{3}{4} > \frac{21}{8}$.
Alternativ rechnet man mit zwei unechten Brüchen: $2\frac{3}{4} = \frac{11}{4} = \frac{22}{8}$, also $2\frac{3}{4} > \frac{21}{8}$.

Tipp

Bestimmen des Hauptnenners

Wenn man das kgV zweier Nenner – beispielsweise von 18 und 15 – nicht sofort erkennt, kann man es mit folgender Methode leicht berechnen:
Man bildet aus den beiden Nennern (hier 18 und 15) einen Bruch, den man vollständig kürzt: $\frac{15}{18} = \frac{5}{6}$.
Indem man in dieser Gleichung den Nenner des linken Bruchs mit dem Zähler des rechten Bruchs multipliziert (oder umgekehrt), erhält man das gesuchte kgV bzw. den Hauptnenner: $18 \cdot 5 = 90$ bzw. $15 \cdot 6 = 90$.
Ein weiterer Vorteil dieser Methode ist, dass man sofort die Faktoren erkennt, mit denen jeder Bruch erweitert werden muss.

13 Bestimme den Hauptnenner.

a) $\frac{3}{4}; \frac{1}{2}$ 4
b) $\frac{2}{5}; \frac{8}{15}$ 15
c) $\frac{3}{8}; \frac{7}{10}$ 40
d) $\frac{4}{9}; \frac{1}{6}$ 18
e) $\frac{7}{15}; \frac{5}{12}$ 60
f) $\frac{5}{18}; \frac{7}{24}$ 72
g) $\frac{5}{6}; \frac{3}{8}; \frac{13}{20}$ 120
h) $\frac{3}{4}; \frac{7}{10}; \frac{3}{25}$ 100

→ S. 13

14 Setze < oder > ein.

a) $\frac{3}{5} \square \frac{2}{3}$ ____________ b) $\frac{5}{6} \square \frac{7}{9}$ ____________

c) $\frac{1}{3} \square \frac{5}{16}$ ____________ d) $\frac{11}{18} \square \frac{7}{12}$ ____________

15 Die Tabelle zeigt, wie viele Schüler in den Klassen 5 a und 6 a mit welchem Verkehrsmittel zur Schule kommen.

	Fahrrad	Bus	zu Fuß
Klasse 5 a	10	8	6
Klasse 6 a	12	10	8

Welche Klasse hat den höchsten Anteil an

a) Fahrradfahrern? ____________

b) Busbenutzern? ____________

c) Fußgängern? ____________

1.5 Addition und Subtraktion von Brüchen

Regel

Gleichnamige Brüche werden addiert bzw. subtrahiert, indem man ihre Zähler addiert bzw. subtrahiert und den gemeinsamen Nenner beibehält:
$\frac{a}{c} + \frac{b}{c} = \frac{a+b}{c}$ bzw. $\frac{a}{c} - \frac{b}{c} = \frac{a-b}{c}$ (mit a, b, c $\in \mathbb{N}$)
Ungleichnamige Brüche müssen immer zuerst auf den Hauptnenner erweitert werden, bevor man die Addition bzw. Subtraktion durchführen kann.

Bei 3 oder mehr gleichnamigen Brüchen lautet die entsprechende Regel:
$$\frac{a}{d} + \frac{b}{d} + \frac{c}{d} = \frac{a+b+c}{d}$$
Kommen in einer Summe bzw. Differenz gemischte Zahlen vor, kann man die Summe bzw. Differenz der ganzen Zahlen und der echten Brüche jeweils getrennt voneinander berechnen. Anschließend addiert man die beiden Ergebnisse.

Tipp

So nicht: $\frac{a}{c} + \frac{b}{d} = \cancel{\frac{a+b}{c+d}}$.
Die Nenner dürfen niemals addiert bzw. subtrahiert werden!

Beispiel 6: Berechne. Kürze das Ergebnis, falls möglich.

a) $\frac{5}{21} + \frac{11}{21} = \frac{5+11}{21} = \frac{16}{21}$

b) $\frac{7}{12} - \frac{2}{15} = \frac{35}{60} - \frac{8}{60} = \frac{35-8}{60} = \frac{27}{60} = \frac{9}{20}$

16 Fasse zusammen und kürze das Ergebnis soweit wie möglich.

a) $\frac{2}{7} + \frac{4}{7} =$ $\frac{6}{7}$ b) $\frac{7}{9} + \frac{2}{9} =$ $\frac{9}{9} = \frac{3}{3} = \frac{1}{1} = 1$ c) $\frac{5}{12} - \frac{1}{12} =$ $\frac{4}{12} = \frac{2}{6} = \frac{1}{3}$

d) $\frac{19}{8} - \frac{3}{8} =$ $\frac{2}{1} = 2$ e) $1\frac{1}{5} + 2\frac{2}{5} = 3\frac{3}{5}$ f) $3\frac{3}{4} + 2\frac{1}{4} = 5\frac{4}{4} = 5 + 1 = 6$

17 Fasse zusammen und kürze das Ergebnis soweit wie möglich.

a) $\frac{7}{8} + \frac{3}{4} =$ b) $\frac{7}{15} + \frac{7}{10} =$

c) $\frac{2}{9} - \frac{1}{6} =$ d) $\frac{5}{6} - \frac{3}{8} =$

e) $\frac{3}{14} + \frac{12}{35} =$ f) $\frac{5}{18} + \frac{7}{24} =$

18 Berechne.

a) $\frac{1}{9} + \frac{1}{3} + \frac{2}{9} =$ b) $\frac{2}{5} + \frac{3}{10} + \frac{7}{10} =$

c) $\frac{1}{4} + \frac{2}{5} + \frac{3}{8} =$ d) $\frac{3}{7} + \frac{5}{14} + \frac{2}{21} =$

19 Ein Verkäufer jammert: „Ein Achtel meiner Äpfel ist angefault, drei Sechszehntel sind noch grün und ein Achtzehntel hat eine Macke. Wie soll ich da wenigstens die Hälfte aller Äpfel verkaufen?" Beklagt sich der Verkäufer zu Recht?

20 Tina hat 3 Freundinnen zum Geburtstag eingeladen und möchte die Torte so aufteilen, dass die erste Freundin $\frac{1}{5}$ von der Torte bekommt, die zweite $\frac{4}{15}$ und die dritte fünf Zwanzigstel. Tina selbst möchte noch wenigstens ein Viertel der Torte abbekommen. Geht diese Rechnung auf?

1.6 Multiplizieren von Brüchen

Regel

Zwei Brüche werden miteinander multipliziert, indem man beide Zähler und beide Nenner miteinander multipliziert:
$\frac{a}{b} \cdot \frac{c}{d} = \frac{a \cdot c}{b \cdot d}$ (mit a, b, c, d $\in \mathbb{N}$)
Ein Bruch wird mit einer natürlichen Zahl k multipliziert, indem man den Zähler des Bruchs mit dieser Zahl multipliziert: $k \cdot \frac{a}{b} = \frac{k \cdot a}{b}$ bzw. $\frac{a}{b} \cdot k = \frac{a \cdot k}{b}$
(mit a, b, k $\in \mathbb{N}$)

Eine natürliche Zahl k kann man auch als Bruch schreiben. Dazu „verpasst" man ihr einfach den Nenner 1. Es gilt: $k = \frac{k}{1}$.
Dann wird aus $k \cdot \frac{a}{b}$ ein Produkt zwischen zwei Brüchen: $k \cdot \frac{a}{b} = \frac{k}{1} \cdot \frac{a}{b} = \frac{k \cdot a}{1 \cdot b} = \frac{k \cdot a}{b}$.

21 Berechne.

a) $\frac{3}{5} \cdot \frac{4}{7} =$ ______ b) $\frac{2}{9} \cdot \frac{5}{11} =$ ______ c) $\frac{4}{3} \cdot \frac{8}{5} =$ ______

d) $\frac{1}{2} \cdot \frac{4}{13} =$ ______ e) $\frac{7}{8} \cdot 5 =$ ______ f) $6\frac{3}{4} \cdot \frac{7}{10} =$ ______

Tipp

Überkreuz-Kürzen: Bevor man zwei Brüche miteinander multipliziert, sollte man immer versuchen, überkreuz zu kürzen. Dazu kürzt man den Zähler des linken Bruchs mit dem Nenner des rechten Bruchs und umgekehrt.
Eine **Multiplikation mit gemischten Zahlen** kann nur dann durchgeführt werden, wenn man die gemischte Zahl zuvor in einen Bruch umwandelt (→ Seite 8)!

Beispiel 7: Berechne. Kürze zuvor überkreuz.

a) $\frac{8}{35} \cdot \frac{25}{12} = \frac{2}{7} \cdot \frac{5}{3} = \frac{10}{21}$ b) $\frac{6}{11} \cdot 2\frac{4}{9} = \frac{6}{11} \cdot \frac{22}{9} = \frac{2}{1} \cdot \frac{2}{3} = \frac{4}{3}$

22 Berechne. Kürze vor dem Multiplizieren überkreuz, falls möglich.

a) $\frac{4}{9} \cdot \frac{5}{8} =$ ______ b) $\frac{18}{25} \cdot \frac{15}{9} =$ ______ c) $3 \cdot \frac{5}{21} =$ ______

d) $\frac{3}{16} \cdot 12 =$ ______ e) $3\frac{1}{2} \cdot \frac{8}{9} =$ ______ f) $\frac{29}{18} \cdot \frac{81}{58} =$ ______

23 Das Gewicht von Edelsteinen wird in Karat (Kt) angegeben.
1 Kt entsprechen $\frac{1}{5}$ g. Wie viel Gramm wiegen folgende Edelsteine?

a) Diamant, 2560 Kt ______ b) Rubin, 7250 Kt ______

1.7 Dividieren von Brüchen

Regel

Man dividiert **durch einen Bruch**, indem man mit seinem Kehrbruch (= Kehrzahl) multipliziert: $\frac{a}{b} : \frac{c}{d} = \frac{a}{b} \cdot \frac{d}{c} = \frac{a \cdot d}{b \cdot c}$ bzw. $k : \frac{c}{d} = k \cdot \frac{d}{c} = \frac{k \cdot d}{c}$ (mit $a, b, c, d, k \in \mathbb{N}$)

Den **Kehrbruch** eines Bruchs erhält man, indem man Zähler und Nenner vertauscht; d.h. den Bruch „auf den Kopf" stellt.

Man dividiert einen **Bruch durch eine natürliche Zahl k**, indem man den Nenner des Bruchs mit dieser Zahl multipliziert: $\frac{a}{b} : k = \frac{a}{b \cdot k}$ (mit $a, b, k \in \mathbb{N}$)

Beispiel 8: Berechne und vereinfache soweit wie möglich.

a) $\frac{6}{7} : \frac{2}{3} = \frac{6}{7} \cdot \frac{3}{2} = \frac{3}{7} \cdot \frac{3}{1} = \frac{9}{7}$

b) $9 : \frac{5}{2} = 9 \cdot \frac{2}{5} = \frac{18}{5}$

c) $\frac{5}{8} : 2 = \frac{5}{8 \cdot 2} = \frac{5}{16}$

d) $4\frac{2}{3} : \frac{7}{9} = \frac{14}{3} \cdot \frac{9}{7} = \frac{2}{1} \cdot \frac{3}{1} = \frac{6}{1} = 6$

Tipp

- Eine Division mit gemischten Zahlen kann nur dann durchgeführt werden, wenn man die gemischte Zahl zuvor in einen Bruch umwandelt (→ Seite 8)!
- Man berechnet Doppelbrüche, indem man den großen Bruchstrich als „:" schreibt. Folgende Fälle (mit $a, b, c, d, k \in \mathbb{N}$) können vorkommen:

$$\frac{\frac{a}{b}}{k} = \frac{a}{b} : k = \frac{a}{b \cdot k} \qquad \frac{k}{\frac{a}{b}} = k : \frac{a}{b} = \frac{k \cdot b}{a} \qquad \frac{\frac{a}{b}}{\frac{c}{d}} = \frac{a}{b} : \frac{c}{d} = \frac{a}{b} \cdot \frac{d}{c} = \frac{a \cdot d}{b \cdot c}$$

24 Berechne.

a) $\frac{2}{3} : \frac{5}{8} =$ ______

b) $\frac{11}{12} : \frac{1}{2} =$ ______

c) $6 : \frac{7}{9} =$ ______

d) $\frac{3}{4} : 8 =$ ______

e) $5\frac{1}{2} : \frac{2}{3} =$ ______

f) $2\frac{2}{5} : 5\frac{1}{5} =$ ______

25 Schreibe mit dem Geteiltzeichen und berechne.

a) $\frac{\frac{3}{5}}{6} =$ ______

b) $\frac{8}{\frac{4}{9}} =$ ______

c) $\frac{\frac{2}{3}}{\frac{8}{15}} =$ ______

d) $\frac{5\frac{1}{2}}{4\frac{3}{4}} =$ ______

1.8 Verbindung der Rechenarten

Regel

Wenn in einem Rechenausdruck sowohl „Punktrechnungen" als auch „Strichrechnungen" vorkommen, muss man die Reihenfolge der Rechenschritte einhalten. Dabei gelten folgende Regeln:

- **Klammerregel:** Rechnungen in Klammern müssen zuerst ausgeführt werden. Bei geschachtelten Klammern rechnet man von der inneren Klammer nach außen.
- **Punkt-vor-Strich-Regel:** Punktrechnungen (· und :) müssen vor Strichrechnungen (− und +) ausgeführt werden.

Hilfreich sind oft auch die Distributivgesetze:

- **Distributivgesetz der Multiplikation:**
  $a \cdot (b + c) = a \cdot b + a \cdot c$ bzw. $(b + c) \cdot a = b \cdot a + c \cdot a$
  Entsprechend bei Differenzen:
  $a \cdot (b - c) = a \cdot b - a \cdot c$ bzw. $(b - c) \cdot a = b \cdot a - c \cdot a$
- **Distributivgesetz der Division:**
  $(a + b) : c = a : c + b : c$ bzw. $(a - b) : c = a : c - b : c$
  Beachte: Bei $c : (a + b)$ gilt diese Regel nicht!

a, b und c können natürliche Zahlen oder Brüche sein.

Beispiel 9: Berechne.

a) $\frac{12}{7} - \left(\frac{3}{7} + \frac{2}{7}\right) = \frac{12}{7} - \frac{5}{7} = \frac{7}{7} = 1$

b) $\frac{3}{16} + \frac{1}{2} \cdot \frac{7}{8} = \frac{3}{16} + \frac{7}{16} = \frac{10}{16} = \frac{5}{8}$

26 Berechne die Klammer zuerst. Nimm dein Heft für Nebenrechnungen.

a) $\frac{2}{5} \cdot \left(\frac{3}{8} + \frac{7}{8}\right) =$ ______

b) $\left(\frac{2}{5} + \frac{4}{5}\right) \cdot \frac{3}{4} =$ ______

c) $\frac{7}{6} \cdot \left(\frac{5}{6} - \frac{4}{9}\right) =$ ______

27 Wende das Distributivgesetz an. Nimm dein Heft für Nebenrechnungen.

a) $3\frac{1}{2} \cdot \left(\frac{3}{4} + \frac{7}{8}\right) =$ ______

b) $\left(\frac{12}{5} - \frac{3}{2}\right) : 1\frac{1}{2} =$ ______

c) $\left(\frac{2}{3} - \frac{1}{2}\right) \cdot \frac{3}{5} =$ ______

28 Berechne. Nimm dein Heft für Nebenrechnungen.

a) $\frac{3}{4} \cdot \frac{2}{5} + \frac{4}{5} =$ ______

b) $\frac{11}{6} - \frac{4}{9} \cdot \frac{5}{6} =$ ______

c) $\frac{3}{5} \cdot \frac{15}{7} - \frac{2}{21} \cdot \frac{6}{5} =$ ______

d) $\frac{2}{3} - \frac{3}{8} : \frac{5}{6} + 1\frac{3}{4} =$ ______

e) $\frac{9}{40} : \frac{21}{10} + \frac{3}{7} : \frac{15}{14} =$ ______

f) $\frac{7}{8} \cdot \frac{2}{5} + \frac{4}{3} - \frac{14}{5} \cdot \frac{2}{7} =$ ______

1 Mit welcher Regel wird ein Bruch erweitert?

2 Wie kürzt man einen Bruch?

3 Welcher von zwei gleichnamigen Brüchen ist der größere?

4 Wie bestimmt man den Hauptnenner zweier Brüche?

5 Wie addiert bzw. subtrahiert man zwei gleichnamige Brüche?

6 Was muss man bei der Addition bzw. Subtraktion ungleichnamiger Brüche beachten?

7 Wie multipliziert man zwei Brüche miteinander?

8 Wie dividiert man eine Zahl bzw. einen Bruch durch einen anderen Bruch?

9 Wie kann man eine natürliche Zahl als Bruch schreiben?

10 Was muss man bei der Multiplikation bzw. Division mit gemischten Zahlen beachten?

11 Mit welchem Trick löst man Doppelbrüche auf?

__/2 **1** Berechne, nutze dein Heft für Nebenrechnungen.

a) Bei einer Umfrage geben $\frac{5}{7}$ von 287 Schülern Mathematik als ihr Lieblingsfach an. Das sind ____________ Schüler.

b) Ein Stadtgebiet umfasst 1755 ha. $\frac{4}{15}$ davon sind Grünfläche. Das sind = ____ m^2

__/2 **2** Berechne.

a) Ein Mensch besteht etwa zu zwei Drittel aus Wasser. Wie viele Liter Wasser enthält der Körper eines Jugendlichen mit 63 kg Körpergewicht?

____

b) Auf der Tüte einer Spargelcremesuppe ist zu lesen:
„Inhalt in $\frac{3}{4}$ ℓ kaltes Wasser schütten und unter Rühren 5 min erhitzen."
Wie viel ml Wasser muss man mit dem Messbecher abmessen?

____

__/4 **3** Gib in der nächstkleineren Einheit an.

a) $\frac{3}{4}$ cm² = ______ b) $\frac{2}{5}$ ℓ = ______ c) $\frac{5}{6}$ h = ______ d) $\frac{5}{8}$ m³ = ______

__/2 **4** Schreibe als gemischte Zahl.

a) $\frac{11}{2}$ = ______ b) $\frac{17}{8}$ = ______ c) $\frac{18}{7}$ = ______ d) $\frac{35}{9}$ = ______

__/2 **5** Schreibe als unechten Bruch.

a $3\frac{1}{4}$ = ______ b) $7\frac{3}{8}$ = ______ c) $5\frac{2}{7}$ = ______ d) $17\frac{2}{3}$ = ______

__/4 **6** Erweitere auf den Hauptnenner und ordne der Größe nach.

a) $\frac{1}{8}; \frac{2}{9}; \frac{2}{3}$, HN = ______ ___ > ___ > ___

b) $\frac{2}{5}; \frac{3}{4}; \frac{5}{6}$, HN = ______ ___ > ___ > ___

c) $\frac{5}{8}; \frac{13}{24}; \frac{7}{12}$, HN = ______ ___ > ___ > ___

d) $\frac{11}{4}; \frac{19}{8}; \frac{12}{5}$, HN = ______ ___ > ___ > ___

__/2 **7** In der Klasse 6a sind 14 Mädchen und 16 Jungen; in der 6b sind 12 Mädchen und 15 Jungen. In welcher Klasse ist der Anteil der Mädchen größer?

____

8 Fasse zusammen und kürze falls möglich. ___/4

a) $7\frac{5}{12} - \frac{11}{12} =$ ________ = ________ b) $6\frac{3}{4} - 1\frac{7}{8} =$ ________ = ________

c) $\frac{31}{25} - \frac{11}{20} =$ ________ = ________ d) $\frac{3}{8} + \frac{5}{16} + \frac{7}{24} =$ ________ = ________

9 Berechne. ___/4

a) $\frac{7}{8} \cdot \frac{2}{21} =$ ________ = ________ b) $\frac{16}{35} \cdot \frac{21}{20} =$ ________ = ________

c) $3\frac{1}{2} \cdot \frac{5}{14} =$ ________ = ________ d) $9\frac{1}{3} : \frac{16}{15} =$ ________ = ________

10 Herberts Lottogemeinschaft hat 2850 € gewonnen. Seiner Frau hat er versprochen, ihr $\frac{2}{5}$ seines Gewinns zu schenken. Wie viel Euro bekommt Herberts Frau, wenn die Lottogemeinschaft aus insgesamt 5 Spielern besteht? ___/3

____

11 Karin hat $8\frac{3}{4}$ kg Konfitüre gekocht und möchte damit Einmachgläser zu je $\frac{1}{3}$ kg füllen. ___/4

a) Wie viele Gläser benötigt Karin?

____

____

b) Wie viel Kilogramm Konfitüre bleiben beim Füllen der Gläser übrig?

____

12 Kai-Uwe bestellt sich in einem Restaurant einen halben Liter Cola. Mit dem ersten Schluck kippt er ein Viertel hinunter. Während der Mahlzeit trinkt er vom Rest ein Drittel und nach der Mahlzeit noch mal $\frac{1}{5}$ von der ursprünglichen Menge. Rechne im Heft. ___/4

a) Wie viele Liter hat er insgesamt getrunken?

b) Wie viele Liter Cola hat er dann noch im Glas?

13 Drei Freunde haben für eine Party 18 Flaschen Limonade gespendet. Nach der Party sind 11 Flaschen leer, 5 halb voll und 2 noch ungeöffnet. Wie müssen alle Flaschen ohne Umfüllen verteilt werden, damit jeder der drei Freunde gleich viel bekommt? Rechne im Heft. ___/4

Gesamtpunktzahl ___/41

2 Dezimalbrüche

Es gibt Zahlen, die begegnen einem bei immer wieder: Sei es beim Schulbäcker, wo man für eine Tüte Milch mit Laugenbrötchen 1,35 € bezahlen muss, oder bei den Bundesjugendspielen, wo der Sportlehrer eine Weitsprungweite mit 4,37 m misst. Was bedeuten diese sogenannten Dezimalbrüche und wie rechnet man mit ihnen?

2.1 Die Dezimalschreibweise

Regel

Dezimalbrüche

- In einem **Dezimalbruch** (oder Dezimalzahl bzw. Kommazahl) wie z. B. 1,375 (sprich: „eins Komma drei sieben fünf") gibt die erste Stelle hinter dem Komma die Zehntel an, die zweite Stelle die Hundertstel, die dritte Stelle die Tausendstel usw. So bedeutet $1{,}375 = 1 + \frac{3}{10} + \frac{7}{100} + \frac{5}{1000}$.
- Die Stellen hinter dem Komma heißen **Dezimalstellen** (oder Dezimale bzw. Nachkommastellen). Stehen rechts von einer Dezimale nur noch Nullen, darf man sie auch weglassen: $3{,}2500 = 3{,}25$
- Man wandelt einen **Dezimalbruch in einen Bruch** um, indem man zunächst die Ziffern des Dezimalbruchs ohne Komma in den Zähler schreibt. Im Nenner des Bruchs steht dann eine 10er-Zahl, die so viele Nullen hat, wie es im Dezimalbruch Dezimalstellen gibt.

Beispiel 1: Um 3,75 als Bruch zu schreiben geht man wie folgt vor:
3,75 hat zwei Dezimalstellen. Also muss der Nenner des entsprechenden Bruchs 100 sein. Der Zähler ist 375. Damit ist: $3{,}75 = 3\frac{75}{100} = 3\frac{3}{4}$ oder auch: $3{,}75 = \frac{375}{100} = \frac{15}{4}$

1 Schreibe die gesuchte Ziffer in das Kästchen.

a) erste Dezimale von 4,23: 2
b) Hundertstel von 0,0457: 5
c) dritte Dezimalstelle von 5,2081: 8
d) Tausendstel von 7,050 19: 1

2 Schreibe ohne überflüssige Nullen.

a) 0,702 00 = 0,702
b) 3,000 10 = 3,0001
c) 0,101 010 = 0,10101
d) 100,000 009 = 100,000009

3 Schreibe als Bruch und kürze vollständig.

a) $0{,}45 = \frac{45}{100} = \frac{9}{25}$ b) $2{,}125 =$ ______ = ______

c) $1{,}005 =$ ______ = ______ d) $2{,}7500 =$ ______ = ______

Regel

Man wandelt einen **Bruch in einen Dezimalbruch** um, indem man den Quotienten *„Zähler durch Nenner"* berechnet. Wenn sich dabei bestimmte Ziffern hinter dem Komma ständig wiederholen, erhält man einen **periodischen Dezimalbruch.** Über die sich periodisch wiederholende(n) Ziffer(n) macht man einen Strich.

Beispiel 2: Schreibe als Dezimalbruch: a) $\frac{3}{4}$ b) $\frac{11}{6}$

Sobald man bei der Division einen Rest erhält, muss man dem Rest eine „0" anfügen und im Ergebnis ein Komma setzen.

a) $3 : 4 = 0{,}75$
0
30
28
 20
 20
  0

b) $11 : 6 = 1{,}833\ldots = 1{,}8\overline{3}$
 6
 50
 48
  20
  18
  20
  …

Tipp

10er-Brüche können auch folgendermaßen in Dezimalbrüche umgewandelt werden: Der Zähler des 10er-Bruchs gibt die Ziffern des Dezimalbruchs an. Die Zahl der Nullen des Nenners gibt die Zahl der Dezimalstellen an, z. B. ist $\frac{7}{100} = 0{,}07$. Da 100 zwei Dezimalstellen hat, muss der Dezimalbruch auch zwei Dezimalstellen haben.

4 Schreibe als Dezimalbruch – das geht im Kopf.

a) $\frac{24}{10} =$ 2,4 b) $\frac{2008}{1000} =$ 2,008 c) $\frac{8}{100} =$ ______ d) $\frac{75}{10000} =$ ______

5 Schreibe als Dezimalbruch, notiere eventuelle Nebenrechnungen im Heft.

a) $\frac{5}{4} =$ 2,0 c) $\frac{12}{5} =$ ______ d) $\frac{13}{20} =$ ______ e) $\frac{3}{8} =$ ______

f) $\frac{7}{50} =$ 7,142 g) $\frac{2}{3} =$ ______ h) $\frac{2}{11} =$ ______ i) $\frac{20}{9} =$ ______

50 : 7 = 7,142
49
10
7
30

30
28
20
14
6

2.2 Größenvergleich von Dezimalbrüchen

Regel

Zwei Dezimalbrüche vergleicht man miteinander, indem man die Ziffern stellenweise von links nach rechts miteinander vergleicht. Derjenige Dezimalbruch ist dann größer, der an derselben Stelle zuerst eine größere Ziffer hat. Z.B. 3,7025 > 3,7019. Um die Lage von Dezimalbrüchen auf einem Zahlenstrahl zu bestimmen, muss man die Unterteilung des Zahlenstrahls beachten.

Beispiel 3: Welche Dezimalbrüche sind auf dem Zahlenstrahl markiert?

Der Abstand zwischen den Dezimalbrüchen 0,7 und 0,8 ist in 10 kleinere Abschnitte unterteilt. Da sich 0,7 und 0,8 in der Zehnteldezimale unterscheiden, steht die kleinere Unterteilung des Zahlenstrahls für die Hundertsteldezimale. Also: A = 0,72; B = 0,74 und C = 0,79

6 Ergänze das Größer- oder Kleinerzeichen.

a) 3,47 ☐ 3,49 b) 12,5071 ☐ 12,5069 c) 0,075 ☐ 0,57

7 Ordne der Größe nach. Beginne mit der kleinsten Zahl.

a) 0,31; 0,13; 0,103; 1,3; 0,301; 1,03 ____________________

b) 0,83; 8,3; 83,0; 3,8; 3,08; 80,3 0,83; 3,08; 3,8; 8,3; 80,3; 83,0

8 Zeichne die Dezimalzahlen in einen geeigneten Zahlenstrahl.

A = 0,9 B = 1,75 C = 2,05 D = 1,99

9 Lies die markierten Zahlen ab.

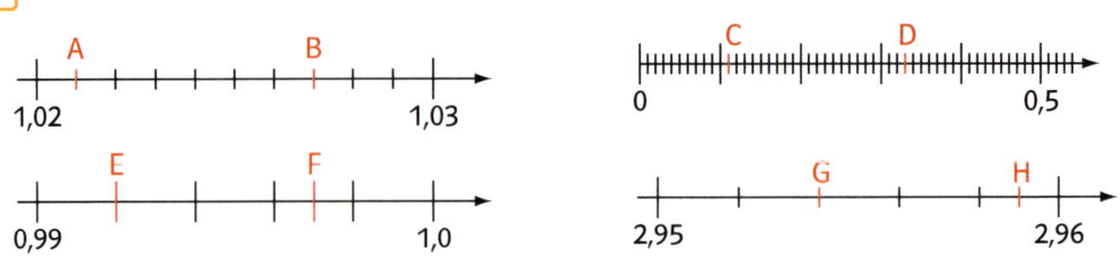

A = ________; B = ________; C = ________; D = ________;

E = ________; F = ________; G = ________; H = ________

2.3 Runden von Dezimalbrüchen

Regel

Beim Runden wird der Wert eines Dezimalbruchs näherungsweise angegeben. Zunächst muss man beim Runden wissen, auf welche Dezimalstelle gerundet werden soll. Anschließend wendet man folgende Regeln an:

- Ist die Ziffer rechts von der zu rundenden Dezimalstelle 0, 1, 2, 3 oder 4, wird **abgerundet**, d.h. man lässt alle Ziffern rechts von dieser Dezimalstelle weg.
- Ist die Ziffer rechts von der zu rundenden Dezimalstelle 5, 6, 7, 8 oder 9, wird **aufgerundet**, d.h. man lässt alle Ziffer rechts von dieser Dezimalstelle weg und zählt zu dieser Dezimalstelle 1 dazu.
- **Beachte:** Beim Aufrunden der Ziffer 9 wird aus der 9 eine 0, und die nächste Ziffer links davon wird um 1 erhöht.

Beispiel 4: Runde jeweils auf die erste Dezimale: a) 3,72 und b) 1,57

a) Da rechts von 7 eine 2 steht, muss 3,72 abgerundet werden zu 3,7.

b) Da rechts von 5 eine 7 steht, muss 1,57 aufgerundet werden zu 1,6.

10 Fülle die Tabelle aus.

Runde	3,4278	0,04259	12,0994	9,9999
auf eine Dezimale				
auf zwei Dezimale				
auf drei Dezimale				

11 Bearbeite.

a) Einer englischen Seemeile entsprechen 1,6093426 km. Runde auf Meter.

b) Ein Barrel Rohöl entspricht 158,987294928 ℓ. Runde auf ganze Liter.

c) Der Weltrekord über 100 m Sprint liegt bei 9,69 s (Olympiade 2008, Usain Bolt). Warum wird hier üblicherweise nicht auf Sekunden gerundet?

2.4 Addition und Subtraktion von Dezimalbrüchen

Regel

Beim Addieren und Subtrahieren von Dezimalbrüchen schreibt man die Dezimalbrüche so untereinander, dass Komma unter Komma steht. Anschließend addiert bzw. subtrahiert man die Ziffern stellenweise und setzt im Ergebnis das Komma so, dass es ebenfalls unter den anderen Kommas steht.

Beispiel 5: Schreibe untereinander und addiere bzw. subtrahiere.

a) 7,0658 + 3,6247

	7,	0	6	5	8
+	3,	6	2	4	7
1			1	1	
1	0,	6	9	0	5

b) 120,036 − 15,25

	1	2	0,	0	3	6
−		1	5,	2	5	0
		1	1	1		
	1	0	4,	7	8	6

c) 37,34 − 1,89 − 8,72

	1,	8	9
+	8,	7	2
1	1	1	
1	0,	6	1

	3	7,	3	4
−	1	0,	6	1
		1		
	2	6,	7	3

Tipp

Wenn man von einem Dezimalbruch gleich mehrere Dezimalbrüche abziehen soll, kann man aufgrund des Distributivgesetzes (→ Seite 41, Ausklammern von „− 1") zuerst die Summe der Dezimalbrüche berechnen, vor denen ein Minuszeichen steht. Anschließend zieht man das Ergebnis vom ersten Dezimalbruch ab (→ Beispiel 5 c).
Wenn die Dezimalbrüche unterschiedlich viele Dezimalstellen haben, darf man rechts **Nullen anfügen**. Dies macht die schriftliche Berechnung übersichtlicher (→ Beispiel 5 b).

12 Schreibe im Heft stellengerecht untereinander und berechne.

a) 3,75 + 5,96
b) 10,91 − 5,84
c) 7,03 + 8,679
d) 15,082 − 13,4
e) 24,38 − 7,2 − 12,94
f) 4 − 0,97 − 1,001

13 Schreibe den Rechenausdruck ins Heft und berechne dann.

a) Vermindere 5,055 um die Summe von 1,79 und 2,2.
b) Wie viel fehlt von der Summe von 367,06 € und 54,1 € zu 450 € ?

14 Die Waschmaschine von Familie Sauber musste repariert werden.
Der Handwerker berechnet für:
Anfahrt: 15,45 €; Ersatzteile: 39,75 €; Lohn: 85 €; Mehrwertsteuer: 26,65 €.
Wie hoch sind die Gesamtkosten? Berechne im Heft.

2.5 Multiplikation von Dezimalbrüchen

Regel

Man multipliziert zwei Dezimalbrüche miteinander, indem man zunächst die Kommas nicht berücksichtigt. Anschließend setzt man das Komma so, dass im Ergebnis so viele Dezimalen stehen wie in beiden Faktoren zusammen.

Beispiel 6: Berechne: 2,5 · 4,75
Es ist: 25 · 475 = 11 875. Da im Produkt 2,5 · 4,75 insgesamt drei Dezimalstellen vorkommen, muss das Ergebnis ebenfalls drei Dezimalstellen haben:
2,5 · 4,75 = 11,875

Tipp

Besonders leicht kann man das **Produkt zwischen** einem **Dezimalbruch und einer 10er-Zahl** berechnen: Hier muss man nur das Komma um so viele Stellen nach *rechts* verschieben, wie die 10er-Zahl Nullen hat.
Beispielsweise muss man in 4,251 · 100 das Komma um zwei Stellen nach rechts verschieben, da 100 zwei Nullen hat. Man erhält: 4,251 · 100 = 425,1
Fehlende Dezimalstellen müssen durch Nullen ergänzt werden.

15 Setze das Komma an der richtigen Stelle.

a) 2,7 · 9,25 = 2 4 9 7 5 b) 4,75 · 0,08 = 3 8 0 0 c) 16 · 4,005 = 6 4 0 8 0

16 Berechne.

a) 0,5 · 2 = ______ b) 34,56 · 100 = ______

c) 1,5 · 2,0 = 2,1 ______ d) 0,004 · 0,2 = ______

e) 3,25 · 5,8 = ______ f) 28,24 · 0,022 = ______

17 Die Länge der Diagonalen eines Computerbildschirmes wird meist in Zoll angegeben (abgekürzt: "). 1 Zoll entspricht 2,54 cm. Berechne in cm.

a) 14" = ______

b) 17" = ______

18 Ein rechteckiges Zimmer ist 4,93 m breit und 6,75 m lang.
Welche Fläche hat das Zimmer? Runde auf die zweite Dezimalstelle.

______

2.6 Division von Dezimalbrüchen

Regel

Man dividiert **durch einen Dezimalbruch**, indem man im Dividend (linke Zahl) und im Divisor (rechte Zahl) die Kommas gleichzeitig solange nach rechts verschiebt, bis im Divisor kein Komma mehr da steht. Wenn der Dividend weniger Dezimalen hat als der Divisor, ergänzt man die fehlenden Dezimalen durch „0" ergänzen (→ Beispiel 7b). **Beachte:** Bei der *Division durch eine natürliche Zahl* muss man im Ergebnis immer dann ein Komma setzen, wenn das Komma im Dividend überschritten wird oder wenn ein Rest übrig bleibt.

Beispiel 7: Berechne.

a) 24,15 : 0,7 Man verschiebt die Kommas um 1 Stelle nach rechts:

24,15 : 0,7 =

	2	4	1,	5	:	7	=	3	4,	5
-	2	1								
		3	1							
	-	2	8							
			3	5						
		-	3	5						
				0						

Komma wird überschritten

b) 1,5 : 0,05. Im Dividend muss erst noch eine 0 ergänzt werden:

1,5 = 1,50

Damit folgt:

1,50 : 0,05 = 150 : 5 = **30**

Tipp

Besonders einfach ist die **Division durch eine 10er-Zahl:** Hier muss man im Dezimalbruch lediglich das Komma um so viele Stellen nach *links* verschieben, wie die 10er-Zahl Nullen hat. Fehlende Stellen müssen dabei *links* durch Nullen ergänzt werden. Beispiele: 634,7 : 100 = 6,347 oder 1,3 : 1000 = 0,0013

19 Berechne, schreibe Nebenrechnungen ins Heft.

a) 1,8 : 6 = ____________ b) 0,16 : 4 = ____________

c) 2,8 : 7 = ____________ d) 345,67 : 100 = ________

e) 27,3 : 3,5 = __________ f) 9,3 : 0,05 = ____________

g) 7,8 : 2,25 = __________ h) 74,12 : 1,7 = ____________

20 Ein Stapel Papier mit 500 Blatt (DIN A4) wiegt 2,25 kg.
Wie viel Gramm wiegt ein Blatt?

Info plus

DIN-Formate

Bei der Festlegung der Papierformate DIN A0, DIN A1, ... hat man sich Folgendes überlegt. Zum einen sollte das Verhältnis der Breite zur Länge in allen Formaten gleich sein. Außerdem sollte durch Halbieren eines Formats (quer zur Längsseite) das nächstkleinere Format entstehen.
Diese Vorgaben werden dann eingehalten, wenn das Verhältnis der Breite zur Länge 1 zu 1,414 ist. Ausgehend von DIN A0 (841 x 1189 mm) gelangt man auf diese Weise zu dem DIN-A4-Format 210 x 297 mm. Übrigens: Das DIN-A0-Format besitzt eine Fläche von genau 1 m^2. Bei einem Gewicht von 80 g pro Quadratmeter wiegt dann ein DIN-A4-Blatt $\frac{1}{16}$ von 80 g, also 5 g.

21 Gib den Abstand zweier Zaunlatten an, wenn eine Latte 4,8 cm breit ist.

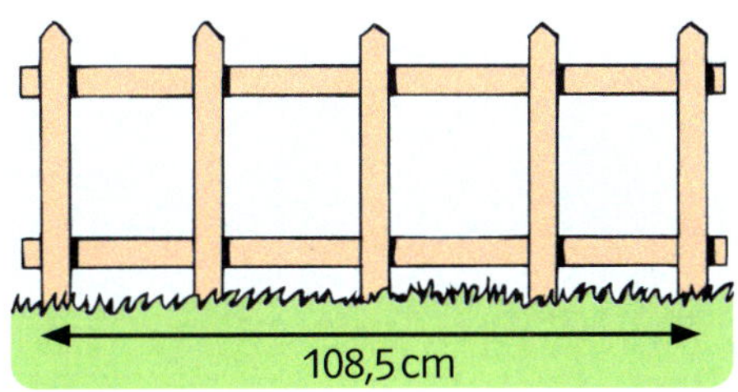

22 Karl will sein Zimmer neu streichen. Wie viele Eimer Farbe braucht er, wenn ein Eimer für 18 m^2 reicht und er eine Fläche von 85,5 m^2 streichen möchte?

23 In der Klasse 7b sind 28 Schülerinnen und Schüler. Die geplante Klassenfahrt kostet insgesamt 441 €. Wie hoch sind die Kosten pro Person?

2.7 Dezimalbrüche als Maßzahlen

Regel

Wenn die Maßzahl ein Dezimalbruch ist, können Maßeinheiten durch einfache Verschiebung des Kommas ineinander umgerechnet werden: Zur nächstkleineren Einheit jeweils um die **angegebene Zahl** nach *rechts*, zur nächstgrößeren Einheit nach *links*:

Längen: m ↔ dm ↔ cm ↔ mm ; **1 Stelle**

Flächen: ha ↔ a ↔ m^2 ↔ dm^2 ↔ cm^2 ↔ mm^2; **2 Stellen**

Volumen: m^3 ↔ dm^3 (= ℓ) ↔ cm^3 ↔ mm^3 (= ml); **3 Stellen**

Gewicht: t ↔ kg ↔ g ↔ mg; **3 Stellen**

Beachte: Bei der Umrechnung von **km in m** muss das Komma um **3 Stellen** verschoben werden!

Zeiteinheiten können nicht durch Kommaverschiebung ineinander umgerechnet werden, da die Umrechnungsfaktoren keine 10er-Zahlen sind.

Beispiel 8: Rechne um.

a) 3,52 m = ________ cm b) 25,8 dm^2 = ________ m^2 c) 2,5 h = ________ min

a) Von m zu cm sind es zwei Schritte nach rechts: 3,52 m = 352 cm

b) Von dm^2 zu m^2 ist es ein Schritt nach links. Da es Flächeneinheiten sind, muss das Komma um 2 Stellen nach links verschoben werden:
25,8 dm^2 = 0,258 m^2

c) Hier darf man das Komma nicht verschieben. Statt dessen muss man 2,5 h mit 60 multiplizieren, da 1 h = 60 min sind: 2,5 h = 2,5 · 60 min = 150 min

24 Wandle in die angegebene Einheit um:

a) 4,35 m = ________________ cm b) 0,5 ℓ = ________________ m^3

c) 2500 kg = ________________ t d) 234 mm = ________________ dm

e) 45 dm^2 = ________________ m^2 f) 90 min = ________________ h

g) 5 m 75 cm = ________________ cm h) 270 g = ________________ kg

i) 0,25 dm = ________________ mm j) $\frac{3}{4}$ m = ________________ dm

k) $\frac{1}{2}$ t = ________________ kg l) $\frac{3}{4}$ h = ________________ s

12 Wie kann man einen Dezimalbruch noch bezeichnen?

13 Wie nennt man die Stellen rechts vom Komma?

14 Wie wandelt man einen 10er-Bruch in einen Dezimalbruch um?

15 Wie kann man mit dem Taschenrechner einen Bruch leicht in einen Dezimalbruch umrechnen?

16 Was muss man beachten, wenn man Dezimalbrüche schriftlich addieren bzw. subtrahieren will?

17 Wie geht man vor, wenn man das Produkt zweier Dezimalbrüche berechnen will?

18 Wie kann man das Produkt zwischen einem Dezimalbruch und einer 10er-Zahl angeben, ohne rechnen zu müssen?

19 Wie geht man vor, wenn man den Quotient zweier Dezimalbrüche berechnen will?

20 Warum darf man beim Umrechnen von Zeiteinheiten nicht einfach das Komma verschieben?

21 Was ist das Besondere, wenn man km in m umrechnen will bzw. umgekehrt m in km?

___/4 **1** Schreibe die Brüche als Dezimalbruch, runde dann auf die zweite Dezimale und ordne der Größe nach.

a) $\frac{4}{5}$; 0,79; $\frac{2}{3}$; 0,09; $1\frac{1}{2}$; 1,05

b) 3,4; $\frac{19}{6}$; $\frac{16}{5}$; 2,9; 3,09

___/2 **2** Lies die markierten Zahlen ab:

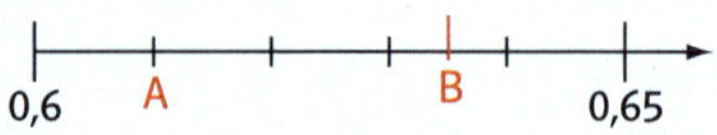

A = ______; B = ______;

___/2 **3** In den USA verwendet man das Volumenmaß „Gallon". 1 Gallon entspricht etwa 3,7854 ℓ. Rechne in Liter um. (Runde auf die erste Dezimale):

a) 10 Gallon =

b) 0,5 Gallon =

c) 3,8 Gallon =

___/2 **4** Klara bekommt 40 € Taschengeld pro Woche.
Wie viel Euro kann sie jeden Tag ausgeben? Runde das Ergebnis sinnvoll.

___/4 **5** Fabians Mutter kauft 0,250 kg Butter zu 5,60 € das kg, außerdem 450 g Wurst zu 17,80 € pro kg und schließlich 750 g Käse zu einem Kilopreis von 12,48 €.
Wie viel bekommt sie zurück, wenn sie mit einem 50-€-Schein bezahlt?

___/2 **6** Jeder Einwohner in Deutschland verbraucht täglich durchschnittlich 285 g Mehl.
Wie groß ist der Jahresbedarf (in kg) einer vierköpfigen Familie?

7 Prinz Baldrian möchte seine angebetete Prinzessin Kommagunde im Königreich Dezimalien besuchen. ___/8

Leider muss man in Dezimalien für die Wegbenutzung Gebühren bezahlen, die nach einem sehr komplizierten Schema berechnet werden. Die Gebühren stehen auf den Schildern. Alle Angaben in Taler.

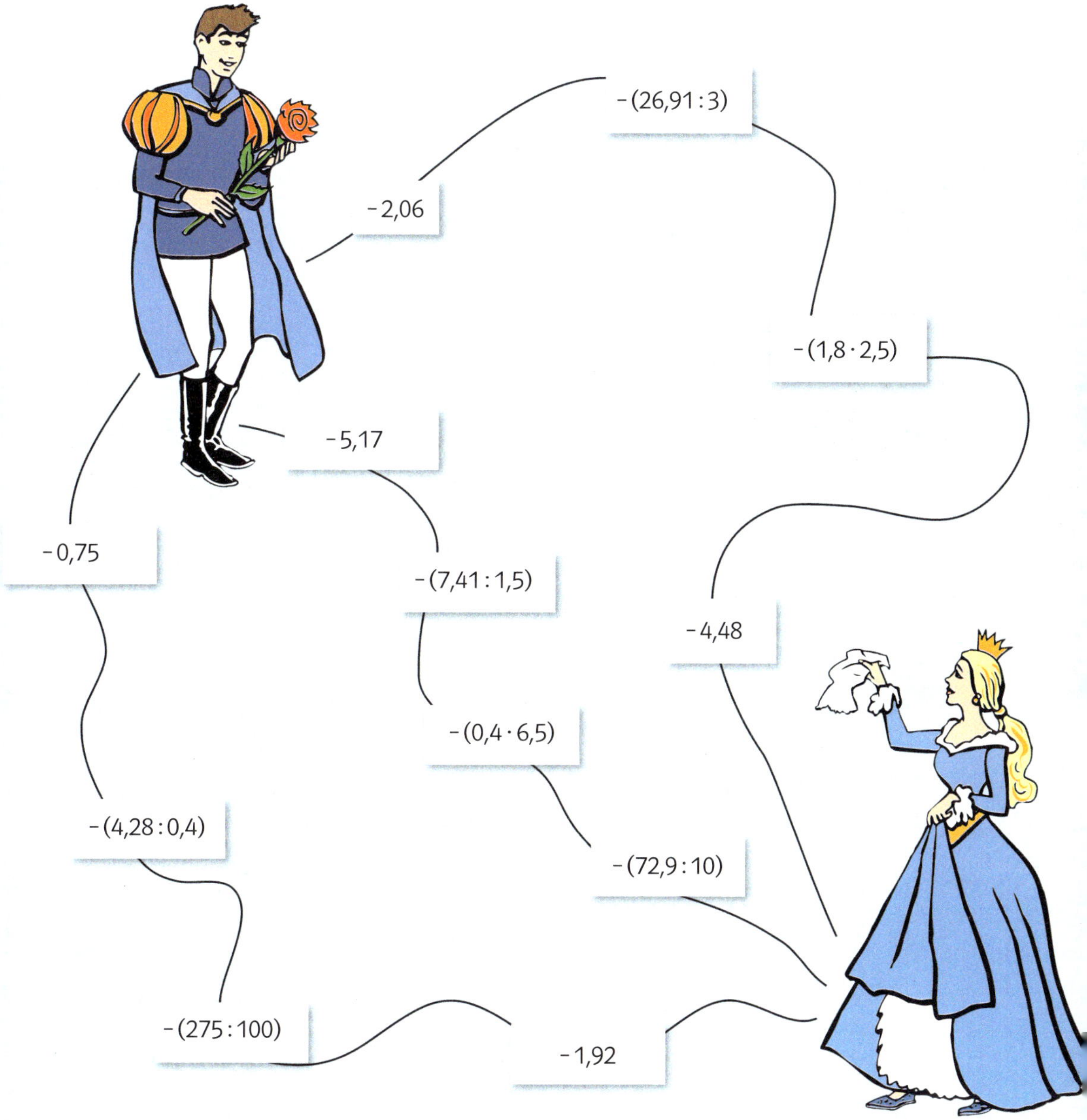

a) Welche Wege kann Prinz Baldrian benutzen, wenn er nur 20 Taler bei sich hat?

b) Wie viele Rosen kann er der Prinzessin dann noch mitbringen, wenn eine Rose 0,85 Taler kostet?

Gesamtpunktzahl ____/24

3 Rationale Zahlen

Wenn es im Winter sehr kalt wird, sinken die Temperaturen unter 0 °C. Das Thermometer zeigt eine negative Temperatur an. Ungemütlich kann es auch dann werden, wenn man mehr Geld ausgibt als man auf dem Konto hat. Dann gerät man nämlich in die „Miesen", die man nur mithilfe der negativen Zahlen darstellen und berechnen kann.

3.1 Negative Zahlen

Regel

Neben den positiven Zahlen gibt es auch **negative Zahlen**. Sie liegen auf dem Zahlenstrahl links vom Nullpunkt. Man erhält sie, indem man die positiven Zahlen am Nullpunkt spiegelt:

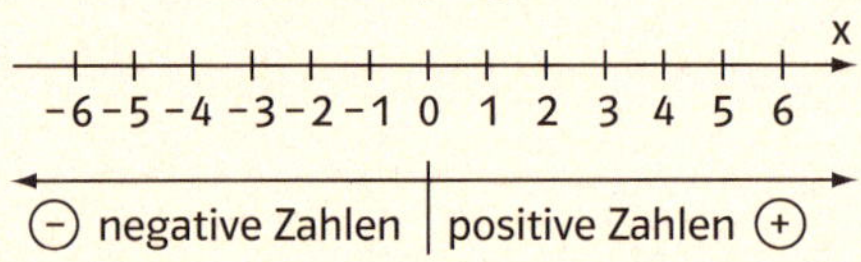

„+" und „−" sind **Vorzeichen**. Eine negative Zahl kennzeichnet man durch das Minuszeichen, zum Beispiel: −2 (sprich: minus zwei). Steht vor einer Zahl kein Vorzeichen, ist sie immer positiv. Zum Beispiel gilt: $3 = +3$.
Der **Betrag** einer Zahl ist ihr Abstand von 0. Er ist immer positiv. Der Betrag wird durch die Betragsstriche gekennzeichnet. Zum Beispiel ist: $|-2| = 2$.
Spiegelt man eine Zahl an der 0, erhält man ihre **Gegenzahl**.

1 Trage die Zahlen −2,5; −4,5 und 1,5 auf dem Zahlenstrahl ab. Ordne sie der Größe nach. Gib außerdem jeweils den Betrag und die Gegenzahl an.

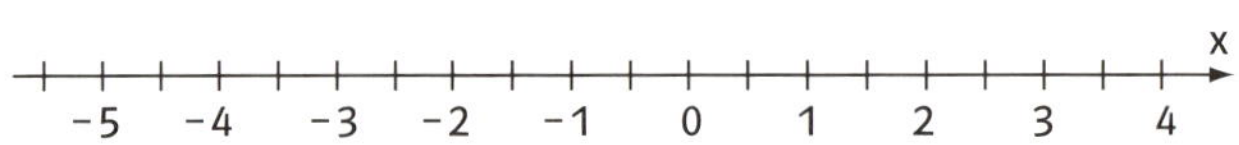

____

____

2 Gib die markierten Zahlen an.

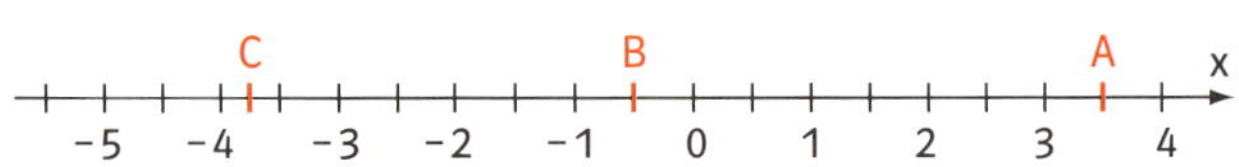

A = __________; B = __________; C = __________

3 Trage die Punkte in das Koordinatensystem ein.
A(−2|1); B(4|−3); C(−3|−1); D(0|−2).

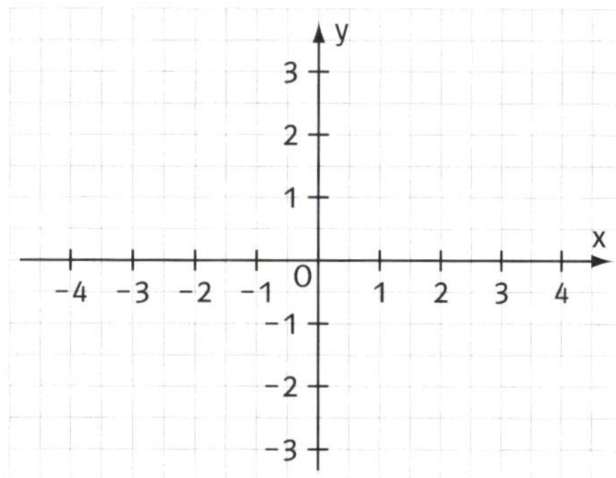

Info plus Die Inder rechneten bereits im 7. Jahrhundert n. Chr. mit negativen Zahlen. In Europa hingegen gab es einen jahrhundertelangen Streit um die negativen Zahlen. Erst der berühmte Mathematiker Leonard Euler (1707–1783) hat den negativen Zahlen auch in Europa zum Durchbruch verholfen.

3.2 Natürliche, ganze und rationale Zahlen

Regel

Zahlenmengen

- Die **Menge ℕ der natürliche Zahlen** besteht aus der Null und allen positiven, ganzen Zahlen: ℕ = {0, 1, 2, 3, …}.
- Die **Menge ℤ der ganzen Zahlen** enthält zusätzlich zu den natürlichen Zahlen auch die negativen, ganzen Zahlen (−1; −2; −3; …).
- Wenn man zu dieser Menge der ganzen Zahlen noch alle positiven und negativen Brüche und Dezimalbrüche hinzunimmt, erhält man die **Menge ℚ der rationalen Zahlen**.

Man kann sich die Beziehung der verschiedenen Zahlenmengen anhand der Kreise einer Zielscheibe veranschaulichen. Jeder Kreis der Zahlenmenge enthält gleichzeitig die Kreise, die in ihm liegen. So ist z.B. die Zahl 7 nicht nur eine natürliche Zahl, sondern auch eine ganze und rationale Zahl. Die Dezimalzahl 2,75 hingegen gehört nur zu ℚ, nicht aber zu ℕ oder zu ℤ.

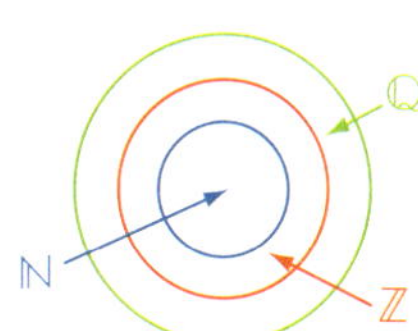

Tipp Manchmal verbirgt sich hinter einem Bruch oder einem Dezimalbruch eine ganze bzw. natürliche Zahl: 5,0 = 5 oder $\frac{18}{3} = 6$. Teste dies vor der Zuordnung zu einer Zahlenmenge!

4 Ordne die Zahlen den richtigen Zahlenmengen zu.

a) $0;\ -2;\ 5;\ 3{,}1;\ \frac{4}{5};\ -\frac{16}{2};\ +\frac{7}{1};\ 1{,}0$

b) $\frac{8}{5};\ -\frac{10}{5};\ -0{,}1;\ +\frac{3}{1};\ -2{,}5;\ +2\frac{1}{3}$

a)

$\mathbb{N}$: ______

$\mathbb{Z}$: ______

$\mathbb{Q}$: ______

b)

$\mathbb{N}$: ______

$\mathbb{Z}$: ______

$\mathbb{Q}$: ______

5 Entscheide, ob die Aussage richtig oder falsch ist. Begründe deine Antwort.

a) Die Zahl $2\frac{1}{4}$ ist eine rationale **und** eine ganze Zahl.

______

b) Die Zahl $-5{,}0$ gehört nur zu den Mengen $\mathbb{Q}$ und $\mathbb{Z}$, nicht aber zur Menge $\mathbb{N}$.

______

c) Die Gegenzahl einer natürlichen Zahl gehört immer zur Menge $\mathbb{Z}$.

______

3.3 Addition und Subtraktion rationaler Zahlen

Regel

Ausdrücke wie $a + b$ und $a - b$ (mit $a, b \in \mathbb{Q}$ und $b > 0$) kann man auf dem Zahlenstrahl leicht mit einem **Additions- bzw. Subtraktionspfeil** berechnen. Zur Berechnung von $a + b$ geht man von a aus um b Einheiten nach *rechts*. Das Ende des Pfeils zeigt das Ergebnis an:

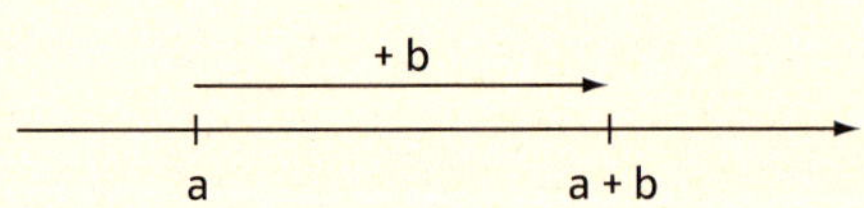

Zur Berechnung von $a - b$ geht man von a aus um b Einheiten nach *links*. Das Ende des Pfeils zeigt das Ergebnis an:

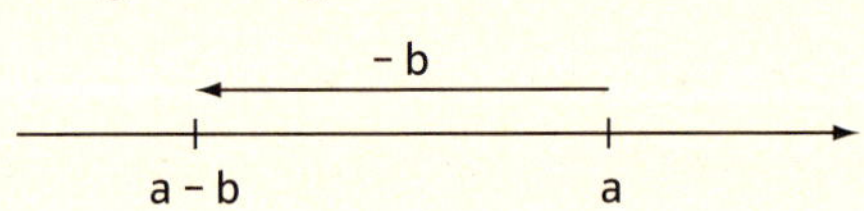

Beachte: Das **Rechenzeichen** gibt an, was man tun soll: addieren oder subtrahieren. Ein Rechenzeichen steht immer zwischen zwei Zahlzeichen.
Das **Vorzeichen** zeigt an, ob es sich um eine positive oder negative Zahl handelt. Links von einem Vorzeichen steht entweder gar nichts oder eine Klammer.

Beispiel 1: Auf dem nebenstehenden Zahlenstrahl ist die Rechnung $+2 - 6$ veranschaulicht. Von „+2" aus geht man 6 Schritte nach links und landet bei „−4": $+2 - 6 = \mathbf{-4}$

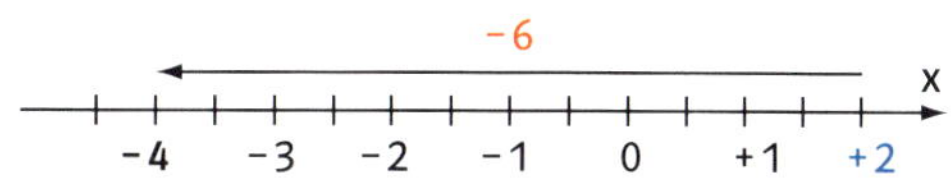

6 Veranschauliche im Heft auf einem Zahlenstrahl und gib das Ergebnis an.

a) $-3 + 7 =$ ____ b) $5 - 8 =$ ____ c) $-1 - 5 =$ ____ d) $-7{,}5 + 4 =$ ____

7 An einem Wintertag zeigt das Thermometer 5° C an. Am nächsten Tag fällt die Temperatur um 12° C. Wie kalt ist es dann?

____

8 Maria hat noch 15 € auf ihrem Konto. Um sich eine neue Musik-CD kaufen zu können, hebt sie 21 € ab. Welchen Kontostand hat ihr Konto dann?

____

Regel

Ohne Zahlenstrahl berechnet man Ausdrücke wie $a + b$ und $a - b$ (mit $a, b \in \mathbb{Q}$ und $b > 0$) nach folgenden Regeln:

1. Das Vor- bzw. Rechenzeichen, das vor dem größeren Zahlzeichen steht, gibt das Vorzeichen des Ergebnisses an.
2. Steht vor a und b das **gleiche Vor- bzw. Rechenzeichen**, erhält man den Betrag des Ergebnisses, indem man die Beträge von a und b **addiert**.
3. Stehen vor a und b **verschiedene Vor- bzw. Rechenzeichen**, erhält man den Betrag des Ergebnisses, indem man den kleineren Betrag vom größeren **subtrahiert**.

Beispiel 2: Es ist $-4 + 7 = +3$, weil „+" vor der größeren Zahl 7 steht.
Wegen der unterschiedlichen Vor- bzw. Rechenzeichen, muss man $7 - 4 = 3$ rechnen, um den Betrag des Ergebnisses zu erhalten.

9 Schreibe zuerst das Vorzeichen in das Kästchen ☐.
Berechne dann den Betrag des Ergebnisses.

a) $-2 + 9 =$ ☐ ______ b) $-3 - 8 =$ ☐ ______ c) $-28 + 13 =$ ☐ ______

d) $52 - 75 =$ ☐ ______ e) $-83 - 71 =$ ☐ ______ f) $-39 + 0{,}5 =$ ☐ ______

10 Berechne.

a) $-2{,}5 + 3{,}9 =$ ______ b) $-5{,}75 - 1{,}25 =$ ______

c) $\frac{4}{7} - \frac{18}{7} =$ ______ = ______ d) $-\frac{31}{5} + 3{,}4 =$ ______ = ______

e) $-\frac{18}{5} - \frac{21}{10} =$ ______ = ______ f) $3\frac{3}{4} - 7{,}5 =$ ______ = ______

Regel

Einfache Klammerausdrücke

Wenn in Rechenausdrücken rationale Zahlen eingeklammert sind, sollte man die Klammern nach folgenden Regeln auflösen, bevor man weiterrechnet:

- Steht vor einer Klammer kein Rechenzeichen, lässt man sie einfach weg:
  $(+a) = +a$ und $(-a) = -a$; z.B. $(+9) = +9$ oder $(-9) = -9$
- Steht vor einer Klammer ein Vor- bzw. Rechenzeichen, gilt:
  Bei **gleichen Vor- bzw. Rechenzeichen** erhält man Plus:
  $+(+a) = +a$; $-(-a) = +a$; z.B. $4 + (+7) = 4 + 7$ oder $4 - (-7) = 4 + 7$
  Bei **verschiedenen Vor- bzw. Rechenzeichen** erhält man Minus:
  $-(+a) = -a$; $+(-a) = -a$; z.B. $3 - (+8) = 3 - 8$ oder $3 + (-8) = 3 - 8$

11 Schreibe ohne die Klammer und berechne.

a) $(+4) + (-8) =$ ______

b) $(-5) - (-7) =$ ______

c) $(+15) - (+9) =$ ______

d) $(-12) + (+7) =$ ______

e) $(-7{,}2) + (+9{,}5) =$ ______

f) $\left(-\frac{2}{3}\right) - \left(+\frac{2}{3}\right) =$ ______

Regel

Kompliziertere Klammern auflösen

Klammern um eine Summe bzw. Differenz können auch aufgelöst werden, ohne dass man zuvor den Klammerinhalt berechnen muss.
Dabei gelten folgende Regeln:

+ Steht vor der Klammer nichts oder ein Plus, kann man die Klammer einfach weglassen; z. B. ist $+(4 - 5 - 7) = +4 - 5 - 7$.
+ Steht vor der Klammer ein Minus, muss man alle Rechenzeichen in der Klammer „umdrehen", bevor man die Klammer streichen darf. „Umdrehen" heißt: aus „+" wird „−" und aus „−" wird „+"; z. B. ist $-(2 - 8 + 5) = -2 + 8 - 5$.

Wichtiger Sonderfall:

Falls der erste Summand in der Klammer ein Vorzeichen trägt, gilt:
„+ (−" wird zu „−"; „− (+" wird zu „−"; „+ (+" wird zu „+"; „− (−" wird zu „+";
z. B. $1 + (-8 - 3 - 5) = 1 - 8 - 3 - 5$.

12 Schreibe erst ohne die Klammern und berechne dann.

a) $(3 + 5) - 7 =$ ____________

b) $-4 - (5 - 7 + 1) =$ ____________

c) $2 + (-8 + 7) =$ ____________

d) $-(+4{,}5) - (-6{,}1 - 0{,}5) =$ ____________

e) $(-0{,}9 - 7{,}1) - \left(+\frac{1}{2} - \frac{3}{4}\right) =$ ____________

13 Berechne zuerst die Klammerinhalte. Du müsstest dieselben Ergebnisse wie bei Aufgabe 12 erhalten.

a) $(3 + 5) - 7 =$ ____________

b) $-4 - (5 - 7 + 1) =$ ____________

c) $2 + (-8 + 7) =$ ____________

d) $-(+4{,}5) - (-6{,}1 - 0{,}5) =$ ____________

e) $(-0{,}9 - 7{,}1) - \left(+\frac{1}{2} - \frac{3}{4}\right) =$ ____________

3.4 Multiplikation rationaler Zahlen

Regel

Man **multipliziert zwei rationale Zahlen** miteinander, indem man zunächst ihre Beträge multipliziert. Das Vorzeichen des Produkts erhält man mit folgenden Regeln:

- Haben beide Zahlen das **gleiche Vorzeichen**, trägt das Ergebnis ein Pluszeichen; z. B. $(-9)\cdot(-7) = +63$.
- Haben beide Zahlen **unterschiedliche Vorzeichen**, trägt das Ergebnis ein Minuszeichen; z. B. $(+5)\cdot(-7) = -35$.

Beachte: Wenn zwei Klammerterme nebeneinander stehen, ist immer „mal" gemeint, auch wenn kein Malpunkt da steht. So gilt: $(+5)(-7) = (+5)\cdot(-7) = -35$.

14 Fülle die Tabelle aus.

1. Faktor	2. Faktor	Vorzeichen des Produkts	Betrag des Produkts
+8	−4		
−12	−7		
+15	−3		
$-\frac{5}{9}$	$\frac{3}{10}$		

15 Berechne. Achte auf die Vorzeichen, die du noch ergänzen musst ☐.

a) $(-7)\cdot(+4) =$ ______

b) $(\square 9)(-8) = +$ ______

c) $(-6)\cdot(\square 6) = -$ ______

d) $-3\cdot(\square 1{,}5) = +$ ______

e) $-\frac{1}{2}\cdot(+5) =$ ______

f) $(-2{,}5)\cdot\left(-\frac{3}{4}\right) = \square$ ______ = ______

g) $-4{,}8\cdot 5 =$ ______

h) $-\frac{2}{3}\cdot\left(-\frac{9}{8}\right) = \square$ ——

Regel

Man **multipliziert mehrere rationale Zahlen** miteinander, indem man zunächst ihre Beträge multipliziert. Das Vorzeichen des Produkts erhält man mit folgenden Regeln:

- Ist die Zahl der vorkommenden Minuszeichen **gerade**, trägt das Ergebnis ein Pluszeichen; z.B. $(-2) \cdot (+3) \cdot (-4) \cdot (+2) = +48$.
- Ist die Zahl der vorkommenden Minuszeichen **ungerade**, trägt das Ergebnis ein Minuszeichen; z.B. $(-5) \cdot (+2) \cdot (-4) \cdot (-3) = -120$.

Beachte: Bei der **Multiplikation mit 0** braucht man sich weder um das Vorzeichen noch um den Betrag des Ergebnisses kümmern. Denn falls in einem Produkt auch nur eine 0 als Faktor vorkommt, ist das ganze Ergebnis immer 0!

16 Berechne. Verwende dein Heft für Nebenrechnungen.

a) $9 \cdot (+5) \cdot (-2) =$ ______

b) $6 \cdot (-7) \cdot 3 \cdot (-2) =$ ______

c) $(-3) \cdot (-4) \cdot (-5) \cdot (+1) =$ ______

d) $-11 \cdot \left(-\frac{3}{22}\right) \cdot \frac{4}{3} =$ ______

e) $2 \cdot (-1{,}5) \cdot \left(-\frac{5}{6}\right) \cdot 12 =$ ______

f) $(-25) \cdot 13 \cdot (-9) \cdot 0 \cdot (-21) =$ ______

3.5 Division rationaler Zahlen

Regel

Die **Division zweier rationaler Zahlen** führt man zunächst mit den Beträgen beider Zahlen durch. Das Vorzeichen des Ergebnisses wird nach den gleichen Regeln wie bei der Multiplikation ermittelt:

- Haben beide Zahlen das **gleiche Vorzeichen**, trägt das Ergebnis ein Pluszeichen; z.B. $(-24):(-6) = +4$.
- Haben beide Zahlen **unterschiedliche Vorzeichen**, trägt das Ergebnis ein Minuszeichen; z.B. $(+48):(-8) = -6$.
- Für **Brüche mit negativem Zähler und/oder Nenner** gilt entsprechend diesen Vorzeichenregeln: $\frac{-3}{4} = \left(-\frac{3}{4}\right)$; $\frac{3}{-4} = \left(-\frac{3}{4}\right)$; $\frac{-3}{-4} = \frac{3}{4}$.

Beachte: Die Division durch 0 ist nicht zulässig!

17 Berechne. Ergänze fehlende Vorzeichen.

a) $(-28):(+4) =$ ______

b) $(-63):(\square 9) = +$ ______

c) $(-54):(\square 6) = -$ ______

d) $-3:\left(-\frac{3}{4}\right) =$ ______

e) $-\frac{1}{2}:\left(+\frac{5}{4}\right) = \square$ ——

f) $-\frac{3}{4}:8 = \square$ ——

18 Dividiere die Zahlen der linken Spalte durch die Zahlen der oberen Zeile und trage die Dezimalbrüche in die Tabelle ein. Wenn du die Ergebnisse der Größe nach absteigend ordnest, ergeben die Buchstaben in den Feldern einen Lösungssatz.

:	4	−2	+3	−1
+15	R	E	H	T
−12	H	E	N	S
$-\frac{1}{2}$	E	U	R	G
0,48	G	E	T	C

Lösungssatz: ______________________________

19 Schreibe so um, dass in Zähler und Nenner der Brüche kein Minus mehr steht und berechne.

a) $\frac{7}{5} + \frac{-2}{-5} =$ ______________

b) $\frac{3}{7} - \frac{9}{-7} =$ ______________

c) $\frac{5}{22} + \frac{-2}{11} =$ ______________

d) $\frac{5}{6} - \frac{-9}{8} =$ ______________

3.6 Verbindung der Rechenarten

Auch beim Rechnen mit rationalen Zahlen gelten die Rechenregeln „Klammer zuerst" und „Punkt vor Strich". Achte auch auf die Distributivgesetze.

Regel

Distributivgesetz der Multiplikation

$$a \cdot (b + c) = a \cdot b + a \cdot c$$

Das Anwenden des Distributivgesetzes nennt man auch **Ausmultiplizieren**.

Beispiel 3:

1. Fall: Der **Faktor a** nicht in der Klammer: Man multipliziert jeden Summanden in der Klammer mit a und löst danach die Klammer auf (→ Seite 37).

$$1 - 3 \cdot (2 - 7 + 9) = 1 - (6 - 21 + 27) = 1 - 6 + 21 - 27$$

2. Fall: Der **Faktor a** steht ebenfalls in einer Klammer: Man multipliziert *unter Beachtung der Vorzeichenregeln* (→ Seite 38) jeden Summanden in der Klammer mit a und löst danach die Klammer auf.

$$2 + (-3) \cdot (5 + 8) = 2 + (5 \cdot (-3) + 8 \cdot (-3)) = 2 + (-15 - 24) = 2 - 15 - 24$$

20 Berechne. Beachte die Regel „Punkt vor Strich".

a) $25 - 24 + 8 \cdot (-5) - 21 =$ ____________________

b) $(-12) + 9 : \left(-\frac{3}{4}\right) \cdot (-7) + 8{,}5 =$ ____________________

c) $-\frac{7}{5} - \frac{12}{5} \cdot 4 - (-6{,}5) \cdot 2 =$ ____________________

d) $(-5) \cdot \left(-3\frac{1}{2}\right) + 3{,}5 - 5 \cdot 7{,}2 =$ ____________________

21 Denke an das Distributivgesetz und trage die richtigen Vor- bzw. Rechenzeichen in die Kästchen ein.

a) $-2 \cdot (8 - 12) = \square 16 \square 24$

b) $(-3 - 7) \cdot 5 = \square 15 \square 35$

c) $3 + (-2) \cdot (5 - 9) = 3 \square (\square 10 \square 18) = 3 \square 10 \square 18$

d) $1 - (9 - 2) \cdot (-4) = 1 \square (\square 36 \square 8) = 1 \square 36 \square 8$

22 Multipliziere die Klammern aus und berechne.

a) $1 - 6 \cdot (3 - 5) =$ ____________________

b) $2 - (-5 + 9) \cdot 7 =$ ____________________

c) $9 - (3 - 4) \cdot (-6) =$ ____________________

d) $2{,}5 - \frac{3}{4} \cdot \left(-8 + \frac{4}{3}\right) =$ ____________________

Tipp

Man kann das Distributivgesetz auch „rückwärts" anwenden:
$a \cdot b + a \cdot c = a \cdot (b + c)$. Mit diesem Rechenvorgang, dem sogenannten **Ausklammern**, kann man sich die Rechnung manchmal erleichtern,
z.B.: $-12 \cdot 14 + 15 \cdot 14 = 14 \cdot (-12 + 15) = 14 \cdot 3 = 42$.

23 Berechne durch Ausklammern.

a) $-86 \cdot 7 + 36 \cdot 7 =$ ____________________

b) $-20 \cdot 67 + (-20) \cdot 33 =$ ____________________

c) $\frac{4}{5} \cdot 2{,}45 - 0{,}95 \cdot \frac{4}{5} =$ ________________

d) $0{,}5 \cdot 2\frac{1}{6} - 0{,}5 \cdot \left(-3\frac{5}{6}\right) =$ ________________

Regel

Distributivgesetz der Division

$$(b + c) : a = b : a + c : a$$

Beispiel 4:

1. Fall: Der **Faktor a** steht in keiner Klammer: Man dividiert jeden Summanden in der Klammer durch a und löst danach die Klammer auf (→ Seite 37).

$1 - (12 - 16) : 4 = 1 - (3 - 4) = 1 - 3 + 4$

2. Fall: Der **Faktor a** steht ebenfalls in einer Klammer: Man dividiert jeden Summanden in der Klammer *unter Beachtung der Vorzeichenregeln* (→ Seite 38) durch a und löst danach die Klammer auf.

z. B. $2 + (15 + 18) : (-3) = 2 + (15 : (-3) + 18 : (-3)) = 2 + (-5 - 6) = 2 - 5 - 6$

Zur Erinnerung: Man dividiert durch einen Bruch, indem man mit seinem Kehrbruch multipliziert.

24 Ergänze in den Kästchen die richtigen Vor- bzw. Rechenzeichen.

a) $3 + (-35 - 20) : 5 = 3 \square (\square 7 \square 4) = 3 \square 7 \square 4$

b) $(+22 - 14) : (-2) = (\square 11 \square 7) = \square 11 \square 7$

c) $7 - (-30 + 18) : (-6) = 7 \square (\square 5 \square 3) = 7 \square 5 \square 3$

d) $9 + (24 - 32) : (+4) = 9 \square (\square 6 \square 8) = 9 \square 6 \square 8$

25 Wende das Distributivgesetz an, löse die Klammern auf und berechne.

a) $7 - (14 - 35) : 7 =$ ________________

b) $5 + (-27 + 18) : (-9) =$ ________________

c) $1 - (12 + 30) : (-6) =$ ________________

d) $3 + (-4 + 8) : \left(-\frac{4}{7}\right) =$ ________________

e) $4{,}5 - (2{,}0 - 7{,}5) : (-5) =$ ________________

f) $-\frac{2}{3} - \left(-\frac{1}{2} + \frac{5}{6}\right) : \left(-\frac{1}{6}\right) =$ ________________

22 Nenne zwei alltägliche Beispiele, bei denen man mit negativen Zahlen rechnen muss. ______________________________

23 Wo liegen die negativen Zahlen auf der Zahlengeraden?

____

24 Wie erhält man die Gegenzahl von einer Zahl?

____

25 Wie hängen die Zahlenmengen $\mathbb{N}$, $\mathbb{Z}$ und $\mathbb{Q}$ miteinander zusammen?

____

26 Nach welchen Regeln löst man die Klammern in Ausdrücken wie $+(+a)$; $+(-a)$; $-(+a)$ und $-(-a)$ auf?

____

27 Nach welcher Regel löst man die Klammern um eine Summe auf, wenn vor der Klammer ein Plus steht? Welchen Sonderfall muss man dabei beachten?

____

28 Nach welcher Regel löst man die Klammern um eine Summe auf, wenn vor der Klammer ein Minus steht? Welchen Sonderfall muss man dabei beachten?

____

29 Wie lauten die Vorzeichenregel bei der Multiplikation (bzw. Division) zweier rationaler Zahlen?

____

30 Nach welchen Regeln multipliziert man *mehrere* rationale Zahlen miteinander? ______________________________

31 Warum ist es so angenehm, wenn in einem Produkt der Faktor 0 vorkommt?

____

32 Wie dividiert man durch einen negativen Bruch?

____

___/4 **1** Trage die Punkte in ein Koordinatensystem ein und verbinde sie. Du erhältst eine schöne Figur. A (0,5 | − 1); B (2,5 | − 0,5); C (0,5 | 0); D (0 | 2,5); E (− 0,5 | 0); F (− 2,5 | − 0,5); G (− 0,5 | − 1); H (0 | − 3,5)

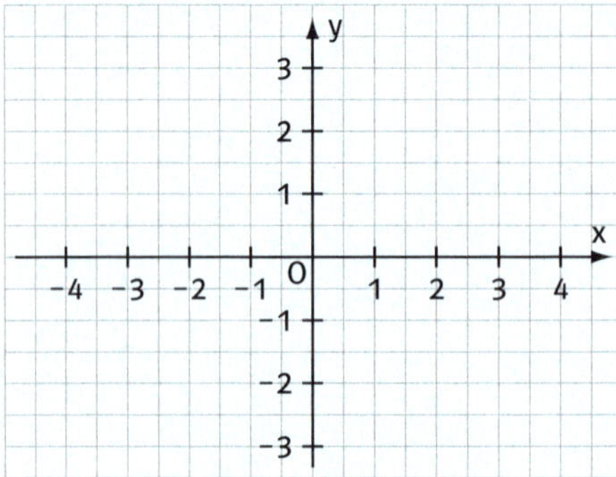

___/3 **2** Markiere alle Buchstaben, die über einer ganzen Zahl stehen. Du erhältst so ein Lösungswort.

U	Z	A	E	H	I	L	E	K	R	N	N	M	A	E	H	E	N	O	L	G	E
1,7	2	9	$\frac{5}{7}$	-1	$\frac{2}{3}$	+5	7	3,5	$2\frac{1}{4}$	0,1	12	-5	$\frac{3}{2}$	4,1	$\frac{4}{8}$	$\lvert -5 \rvert$	-3	0,1	$\frac{9}{11}$	-8	-101

___/6 **3** Berechne.

a) $3{,}5 + (-2{,}4) - 21 - (-17) =$ ____________________

b) $9 - [-6 + (-4)] - 8 =$ ____________________

c) $-[12{,}4 - (-8{,}2)] - \left[-3{,}25 + \left(-\frac{1}{2}\right)\right] - (4{,}6 - 2{,}5) =$ ____________________

___/6 **4** Berechne jeweils das Produkt der Zahlen rund um ein weißes Feld und schreibe das Ergebnis in das weiße Feld. Wenn du die weißen Felder von groß nach klein ordnest, erfährst du, wie du bist.

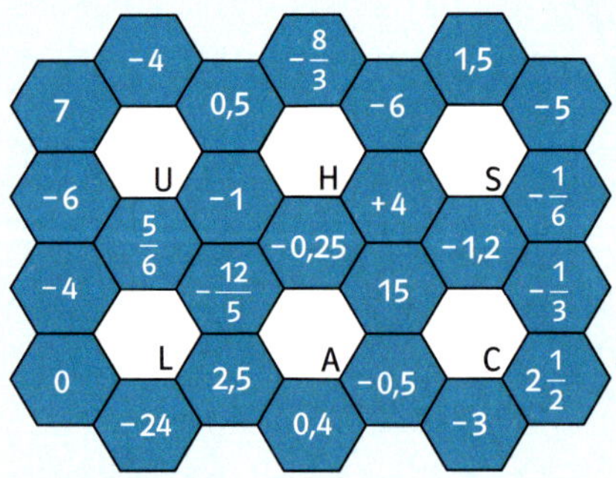

5 Berechne. ___/4

a) $15 + (-8) : \frac{3}{4} \cdot (-6) - (-59) =$ ______________________

b) $-36 \cdot \left(-\frac{7}{9}\right) + 2{,}5 \cdot (-8) + 8 : \left(-\frac{16}{7}\right) =$ ______________________

6 Multipliziere die Klammer aus und berechne. ___/4

a) $0{,}5 \cdot (-10) - 8 \cdot \left(-\frac{3}{4} + 2\right) =$ ______________________

b) $1{,}2 - \left(1{,}5 + \frac{4}{3}\right) \cdot (-6) =$ ______________________

7 Klammere aus und berechne. ___/2

a) $3 \cdot (-2{,}75) + 3 \cdot 1{,}25 =$ ______________________

b) $-82{,}5 \cdot 19 + 19 \cdot 12{,}5 =$ ______________________

8 Trage die Beträge der Ergebnisse ein. Wenn du die Buchstabenfelder der Größe nach ordnest (beginne mit der kleinsten Zahl), erhältst du das Lösungswort. (Nebenrechnungen im Heft.) ___/9

Waagrecht:

1) $-55 + (-65)$
3) $-(-12) + (-3) \cdot (-9)$
5) $(-27) \cdot \left(-\frac{1}{3}\right) - 36 : \left(-\frac{1}{2}\right)$
6) $\left[5 + 15 : \left(-\frac{1}{5}\right)\right] \cdot \left[(-3) : \frac{1}{3}\right]$
7) $5 \cdot \left(-\frac{81}{4} - 79{,}75\right) + 1{,}5 \cdot (-32)$
10) $1 + [3 \cdot (-4) - (+7)] \cdot (-10)$
12) $2 \cdot (-1{,}5) \cdot (-11 - 100)$
15) $-61 : \frac{1}{3} + 15 : \left(-\frac{1}{9}\right)$

1	2	G	■	3	4 T
5		■	6 A		
■	7	8 E	H	■	C
9 M	■	10		11 U	■
12	13 G		■	T	14
		■	15		

Senkrecht:

1) $10 - (7 - 15)$
2) $85 - 65 \cdot (-2)$
3) $\frac{1}{3} \cdot 85 - (-14) \cdot \frac{1}{3}$
4) $1007 + (-10) : 0{,}1$
6) $-(-148) + (-1) \cdot (-541)$
8) $400 + 90 \cdot \left(-\frac{2}{15} + \frac{5}{18}\right)$
9) $-251 + 790$
11) $(5 - 16)[1 + 3 \cdot (-4)]$
13) $-3 \cdot 5 + (-15)$
14) $-4 \cdot (-3{,}2) + 3{,}2 : (-4) - 4 \cdot (-9)$

Gesamtpunktzahl ___/38

4 Dreisatzrechnung

Tina soll für ihre Mutter 5 Brötchen beim Bäcker besorgen. Die Kundin vor Tina muss für 3 Brötchen 0,75 € bezahlen. Tina überlegt, wie viel sie wohl bezahlen muss. Aus dem Mathematikunterricht weiß Tina, dass sie eine Dreisatzrechnung anwenden muss. Wie funktioniert diese?

4.1 Proportionale Zuordnungen

Regel

Wenn eine Größe y von einer anderen Größe x abhängt (z. B. der Preis y von der Zahl x der eingekauften Brötchen), spricht man von einer **Zuordnung: x → y** (Jedem Wert x wird genau ein Wert y zugeordnet.)
Gehört zum 2-, 3-, 4-, … fachen der Größe x auch das 2-, 3-, 4-, … fache der Größe y, nennt man die Zuordnung **proportional**.
Aus der Zuordnung zweier bekannter Zahlenwerte kann man mithilfe der Dreisatzrechnung in der Form *„Je mehr von x – desto mehr von y"* auf jede beliebige andere Zuordnung schließen (→ Beispiel 1).
Beachte: Bei proportionalen Zuordnungen ist der **Quotient y : x** immer gleich!

Beispiel 1: Gesucht ist der Preis, den Tina für 5 Brötchen bezahlen muss, wenn 3 Brötchen 0,75 € kosten.

1. Schritt: Zunächst notiert man sich die Zuordnung der bekannten Werte so, dass die Einheit der gesuchten Größe (hier der Preis) auf der rechten Seite steht.

	3 Brötchen	→	0,75 €	
:3	1 Brötchen	→	0,25 €	:3
·5	5 Brötchen	→	1,25 €	·5

2. Schritt: Dann rechnet man auf den „1er-Wert" der linken Größe. Dazu teilt man beide Seiten durch dieselbe Zahl. Hier durch 3.

3. Schritt: Schließlich rechnet man auf die gesuchte Zuordnung hoch, indem man beide Seiten mit derselben Zahl multipliziert. Hier mit 5.
Ergebnis: Tina muss für 5 Brötchen 1,25 € bezahlen.

Tipp

Teilt man eine Zahl durch sich selbst, erhält man immer 1.
Die Zahl, durch die man zur **Berechnung des 1er-Werts** teilen muss, steht also immer schon da – nämlich im Dreisatzschema links oben.

1 Ergänze die Lücken mit der richtigen Rechenvorschrift und berechne den gesuchten Wert.

a)

7 Äpfel	3,50 €
1 Apfel	€
12 Äpfel	€

b)

14 Flaschen	21 kg
1 Flasche	kg
8 Flaschen	kg

c)

5 Lose	Cent
1 Los	50 Cent
60 Lose	Cent

d)

Liter	450 km	:27
1 Liter	km	
60 Liter	km	

2 Peter misst seinen Herzschlag und zählt 18 Schläge in 15 s.
Wie oft schlägt sein Herz in einer Stunde?

3 Aus einem defekten Wasserhahn tropfen in 5 min 32 ml Wasser.
Wie viel Liter Wasser fließen in einem Tag ungenutzt in den Abfluss?
Wie teuer wird die Wasserverschwendung in einem Jahr, wenn 1 m^3 Wasser 4,95 € kostet?

4 Eine Biene sammelt pro Flug ca. 16 mg Honig. Wie oft muss die Biene für 500 g Honig ausfliegen?

5 Familie Bader fährt mit dem Auto in den Urlaub. Nach 120 km Fahrt zeigt die Tankuhr einen Verbrauch von 8 ℓ an.

a) Wie viel Liter Benzin braucht Familie Bader für die 540 km lange Gesamtstrecke?

b) Durch den Verbrauch von 1 Liter Benzin werden ca. 2,4 kg des Treibhausgases Kohlendioxid freigesetzt. Wie viel kg Kohlendioxid hat Familie Bader auf ihrer Urlaubsreise in die Luft geblasen?

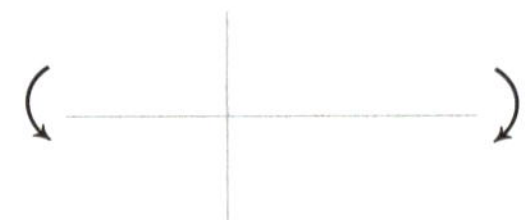

Info plus

Der Name **Dreisatz** kommt daher, weil man zur Berechnung der gesuchten Größe immer drei Sätze formulieren muss: für jede der drei Zuordnungen einen. Wenn die 1er-Zuordnung schon bekannt ist, spricht man von einem Zweisatz, weil dann nur zwei Zuordnungen nötig sind.

4.2 Umgekehrt proportionale Zuordnungen

Regel

Bei **umgekehrt proportionalen Zuordnungen $x \rightarrow y$** gehört zum 2-, 3-, 4-, … fachen der Größe x der zweite, dritte, vierte, … Teil der anderen Größe y. Aus der Zuordnung zweier bekannter Zahlenwerte kann man mithilfe der Dreisatzrechnung in der Form *„Je mehr von x – desto weniger von y"* auf jede beliebige andere Zuordnung schließen. Dabei muss man auf beiden Seiten des Dreisatzschemas die **entgegengesetzte Rechenoperation** durchführen (→ Beispiel 2).

Beachte: Bei umgekehrt proportionalen Zuordnungen ist das **Produkt $x \cdot y$** immer gleich!

Beispiel 2: 4 Freunde möchten eine Tüte Bonbons gerecht unter sich verteilen. Insgesamt sind 36 Bonbons in der Tüte.
Wie viele Bonbons würde jeder bekommen, wenn es 6 Freunde wären?
Die Zuordnung ist umgekehrt proportional. Denn je mehr Freunde es sind, desto weniger Bonbons bekommt jeder.

1. Schritt: Zunächst notiert man sich die Zuordnung der bekannten Werte so, dass die Einheit der gesuchten Größe (hier Bonbons) auf der rechten Seite steht.

	4 Freunde	→	36 Bonbons	
:4	1 Freund	→	144 Bonbons	·4
·6	6 Freunde	→	24 Bonbons	:6

2. Schritt: Dann rechnet man auf den „1er-Wert" der linken Größe. Dazu teilt man die linke Seite durch 4. Die rechte Seite muss man mit 4 multiplizieren.

3. Schritt: Schließlich rechnet man auf die gesuchte Zuordnung hoch, indem man links mit 6 multipliziert und rechts durch 6 teilt.

Ergebnis: Bei 6 Freunden bekommt jeder 24 Bonbons.

(Hinweis: In jeder der drei Zuordnungen ist das Produkt aus linker und rechter Seite immer 144.)

6 Ergänze die Lücken mit der richtigen Rechenvorschrift und berechne den gesuchten Wert. Die Zuordnungen sind jeweils umgekehrt proportional.

a)

	3 Arbeiter	16 Tage	
	1 Arbeiter	Tage	
	8 Arbeiter	Tage	

b)

	$80 \frac{km}{h}$	4,5 h	
	$1 \frac{km}{h}$	h	
	$90 \frac{km}{h}$	h	

c)

	12 Stück	30 g	
	1 Ganzes	g	
	15 Stück	g	

d)

	Gläser	0,2 ℓ	
	1 Glas	ℓ	·6
	8 Gläser	ℓ	

7 Die Klasse 6a plant eine Klassenfahrt, bei der jeder der 32 Schülerinnen und Schüler 6,30 € für die Busfahrt bezahlen muss. Wie viel muss jeder Einzelne bezahlen, wenn kurzfristig 4 krank werden und daher nichts zahlen?

8 Ein Bademeister möchte ein Schwimmbecken befüllen. Aus Erfahrung weiß er, dass das Schwimmbecken mit 5 Zuflüssen in 1,5 h gefüllt ist. Wie lange dauert das Befüllen, wenn ein Zufluss verstopft ist?

4.3 Grafische Darstellungen

Regel

Eine Zuordnung $x \rightarrow y$ kann grafisch veranschaulicht werden, indem man eine **Wertetabelle** erstellt und die einzelnen **Wertepaare** in ein Achsenkreuz einträgt. Bei einer proportionalen Zuordnung erhält man als Schaubild eine **Ursprungsgerade** (→ Beispiel 3). Bei einer umgekehrt proportionalen Zuordnung erhält man als Schaubild eine **Hyperbel** (→ Beispiel 4).

Beispiel 3:

Im Beispiel 1 kostet 1 Brötchen 0,25 €, 2 Brötchen kosten 0,50 €, 3 Brötchen 0,75 €,… Man erhält somit folgende Wertetabelle:

Brötchen x	1	2	3	4	5	6
Preis y in €	0,25	0,50	0,75	1,00	1,25	1,50

Trägt man die Wertepaare (1 | 0,25); (2 | 0,5); (3 | 0,75); (4 | 1); (5 | 1,25) und (6 | 1,5) in ein Achsenkreuz ein, erhält man die nebenstehende Ursprungsgerade.

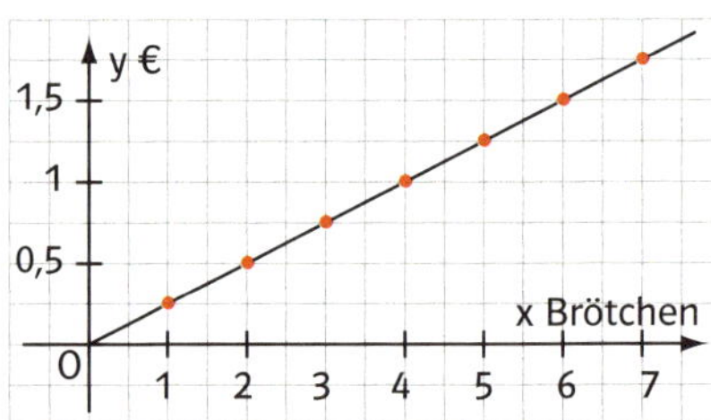

Anmerkung: Bei der eingezeichneten Geraden handelt es sich um eine sogenannte *Trägerkurve*; die die (real nicht existierenden) nicht-ganzzahligen Anteile der Brötchen auf der x-Achse verdeutlichen soll.

Beispiel 4:

Im Beispiel 2 erhält man folgende Wertetabelle:

Freunde x	1	2	3	4	5	6
Bonbons y	144	72	48	36	28,8	24

Trägt man die Wertepaare (1 | 144); (2 | 72); (3 | 48); (4 | 36); (5 | 28,8) und (6 | 24) in ein Achsenkreuz ein, erhält man eine Hyperbel.

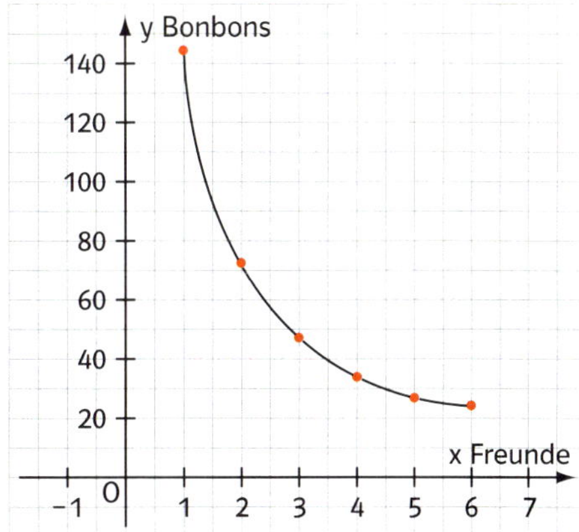

9 a) Ergänze die folgende Wertetabelle zu einer proportionalen Zuordnung und trage die Wertepaare in ein Achsenkreuz ein.

Birnen x	1	2	3		8	9
Gewicht y (in g)			450	750		

b) Ergänze die folgende Wertetabelle zu einer umgekehrt proportionalen Zuordnung und trage die Wertepaare in ein Achsenkreuz ein.

Maler x	1		3	4	8	12
Arbeitszeit y (in h)		6			1,5	

zu a)

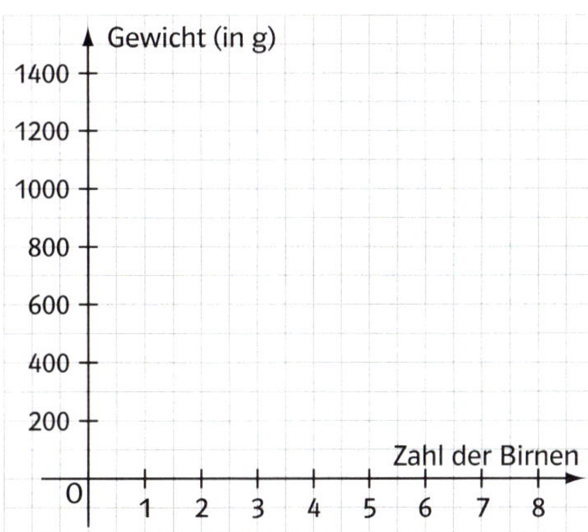

zu b)

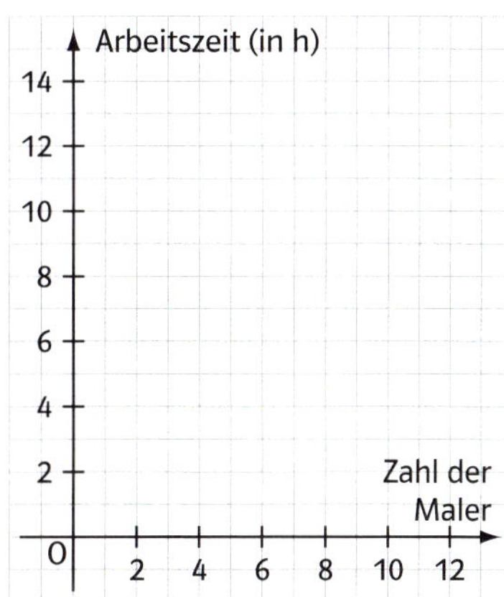

33 Mit welcher mathematischen Kurzschreibweise beschreibt man eine Zuordnung zweier Größen x und y? __________

34 Wie lautet der „*Je …- desto …*"-Satz bei einer proportionalen Zuordnung?

____

35 Wie lautet der „*Je …- desto …*"-Satz bei einer umgekehrt proportionalen Zuordnung? __________

36 Wie erstellt man eine Wertetabelle?

____

37 In welcher Beziehung stehen bei einer proportionalen Zuordnung ein x-Wert und der zugehörige y-Wert?

____

38 In welcher Beziehung stehen bei einer umgekehrt proportionalen Zuordnung ein x-Wert und der zugehörige y-Wert?

____

39 Durch welche Zahl muss man eine beliebige Zahl a teilen, damit 1 herauskommt? __________

40 Worin unterscheiden sich im Dreisatzschema die Rechenoperationen bei einer proportionalen und einer umgekehrt proportionalen Zuordnung?

____

41 Wie kann man eine Zuordnung grafisch veranschaulichen?

____

42 Wie sieht das Schaubild zu einer proportionalen Zuordnung aus?

____

43 Wie sieht das Schaubild zu einer umgekehrt proportionalen Zuordnung aus?

____

1 Um welche Art der Zuordnung handelt es sich? Formuliere jeweils einen *„je …, desto …“*-Satz. ___/4

a) Menge an Kartoffeln – Gewicht des Einkaufskorbs ______________________

____

b) Reisegeschwindigkeit – Fahrtdauer ______________________

____

c) Menge Geld – Zahl der Hemden, die man einkaufen kann ______________________

____

d) Benzinvorrat – Reisestrecke ______________________

____

2 Ergänze die Lücken im Dreisatzschema (proportionale Zuordnung). ___/4

a)

12 €	15 Birnen
1 €	Birnen
8 €	Birnen

b)

42 ℓ	56,70 €
1 ℓ	€
60 ℓ	€

3 Ergänze die Lücken im Dreisatzschema (umgekehrt proportionale Zuordnung). ___/4

a)

4 Maler	7 h
1 Maler	h
5 Maler	h

b)

3 Pumpen	8,5 h
1 Pumpe	h
5 Pumpe	h

__/4 **4** Die Wertetabelle enthält Werte zu einer proportionalen Zuordnung. Ergänze die fehlenden Werte und trage die Wertepaare in ein Achsenkreuz ein.

Strecke in km	25	80	120		350	
Benzinverbrauch in ℓ				18	21	30

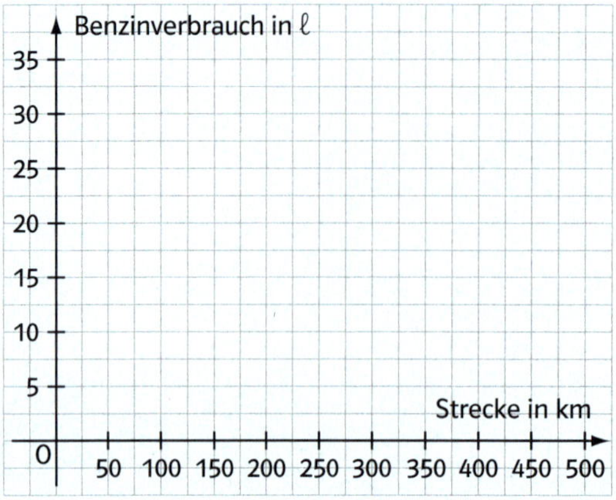

__/4 **5** Die Wertetabelle enthält Werte zu einer umgekehrt proportionalen Zuordnung. Ergänze die fehlenden Werte und trage die Wertepaare in ein Achsenkreuz ein.

Breite eines Rechtecks (in m)	2	6			24	
Länge eines Rechtecks (in m)			15	12	4	2

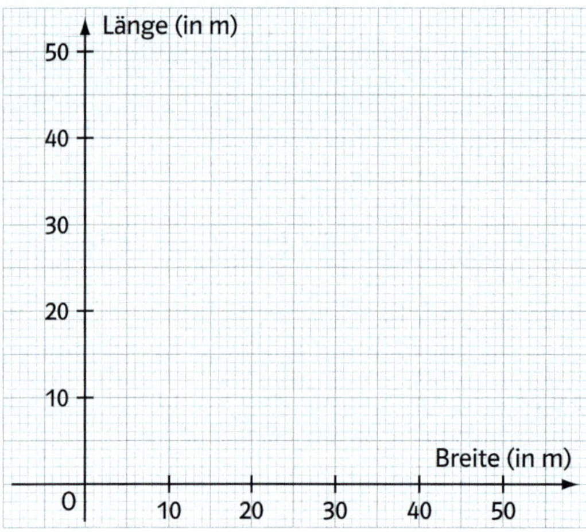

6 Herr Müller möchte mit seiner Familie in die USA reisen. Ein Kollege erzählt ihm, für 1500 € hätte er 2280 $ bekommen. ___/4

a) Wie viel Dollar bekommt Herr Müller, wenn er 2000 € umtauschen will?

b) Wie viel Tage kann Familie Müller durch die USA reisen, wenn sie jeden Tag 200 $ ausgibt?

7 Ein Winzer füllt den gekelterten Wein in 180 Flaschen zu je 0,75 ℓ. ___/4

a) Wie viele Flaschen hätte er befüllen können, wenn er 0,5-ℓ-Flaschen verwendet hätte?

b) Die 0,75-ℓ-Flaschen verkauft er für 3,95 € pro Flasche. Könnte er die Einnahmen steigern, wenn er die 0,5-ℓ-Flasche für 2,95 € verkauft?

8 Die Blätter eines Laubbaums haben insgesamt eine Fläche von 2400 m^2. Jeder Quadratmeter Blattfläche kann an einem Tag 1,5 g Kohlendioxid aus der Luft aufnehmen. ___/4

a) Wie viel kg Kohlendioxid bindet der Baum innerhalb eines Jahres, wenn er 6 Monate (≈ 180 Tage) lang Blätter trägt?

b) Wie viele solcher Bäume wären nötig, um den jährlichen Kohlendioxidausstoß eines Pkw von 3240 kg auszugleichen?

Gesamtpunktzahl ___/32

5 Prozentrechnung

Kaufhäuser und Supermärkte locken ihre Kunden oft mit Preisnachlässen und Sonderangeboten. Da heißt es zum Beispiel: „20 % Rabatt auf alle Jeanshosen." oder „Wurst um 15 % billiger." Um die Wurst und um Prozente geht es aber auch bei politischen Wahlen, wo die Stimmenanteile der Kandidaten und Parteien ebenfalls in Prozent angegeben werden.
Was bedeuten solche Prozentangaben und wie rechnet man damit?

5.1 Grundbegriffe der Prozentrechnung

Regel

Die Prozentrechnung ist eng verwandt mit der Bruchrechnung (→ Kapitel 1). Das Neue an der Prozentrechnung ist aber, dass Bruchteile nur mit solchen Brüchen beschrieben werden, deren **Nenner 100** ist. Dadurch kann man verschiedene Bruchteile leichter miteinander vergleichen.
Die Schreibweise für solche Brüche ist $\frac{p}{100} = p\,\%$.
Dabei ist p die **Prozentzahl**, p % nennt man den **Prozentsatz**.
Zum Beispiel ist $\frac{5}{100} = 5\,\%$ (sprich: „fünf Prozent").
Das Ganze nennt man in der Prozentrechnung **Grundwert G**, ein Teil des Ganzen heißt **Prozentwert W**.
Man wandelt einen **Bruch in einen Prozentsatz** um, indem man den Bruch zunächst als Dezimalbruch schreibt (→ Seite 21) und dann mit 100 multipliziert.
Zum Beispiel ist: $\frac{1}{4} = 0{,}25$. Damit ist: $\frac{1}{4} = 0{,}25 \cdot 100\,\% = 25\,\%$.

Den Grundwert G und den Prozentwert W kann man sich leicht anhand einer Pizza oder eines Kuchens veranschaulichen: Die ganze Pizza entspricht dem Grundwert. Ein Stück davon ist der Prozentwert. Den entsprechenden Prozentsatz erhält man, indem man den Quotienten W : G mit 100 multipliziert.

Info plus

Der Name *„Prozent"* kommt aus dem Lateinischen *(pro centum)* und heißt übersetzt *„pro hundert"*. 5 % bedeutet also 5 „von Hundert", was auch mit dem Bruch $\frac{5}{100}$ ausgedrückt wird.

1 Wie viel Prozent der Gesamtfläche sind markiert?

a) 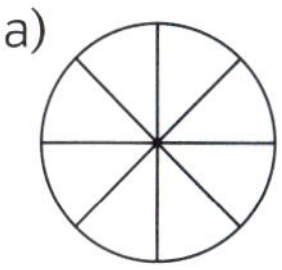

b) 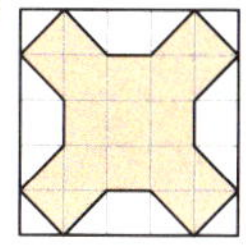

a) ______________________

b) ______________________

2 Schreibe die Brüche als Prozentsätze. Runde gegebenenfalls auf die zweite Dezimale. Berechne g), h) und i) im Heft.

a) $\frac{1}{2}$ = ________ %   b) $\frac{3}{4}$ = ________ %   c) $\frac{2}{5}$ = ________ %

d) $\frac{17}{25}$ = ________ %   e) $\frac{9}{20}$ = ________ %   f) $\frac{39}{50}$ = ________ %

g) $\frac{1}{3}$ = ________ %   h) $\frac{5}{6}$ = ________ %   i) $\frac{7}{12}$ = ________ %

3 Schreibe die Prozentsätze als vollständig gekürzte Brüche.

a) 5 % = ____ = ____   b) 20 % = ____ = ____

c) 75 % = ____ = ____   d) 40 % = ____ = ____

e) 50 % = ____ = ____   f) 90 % = ____ = ____

g) 12,5 % = ____ = ____ = ____   h) 7,25 % = ____ = ____ = ____

i) $66{,}\overline{6}$ % = ____ + ____ = ____   j) $33{,}\overline{3}$ % = ____ + ____ = ____

Tipp

Wenn die Prozentzahl p ein Dezimalbruch ist, muss man bei der Umrechnung von p % in einen Bruch folgendermaßen vorgehen:
Man schreibt p zunächst in den Zähler des Bruchs. Der Nenner ist 100. Dann erweitert man so mit einer 10er-Zahl, dass im Zähler eine ganze Zahl entsteht.

Zum Beispiel: $4{,}2\,\% = \frac{4{,}2}{100} = \frac{4{,}2 \cdot 10}{100 \cdot 10} = \frac{42}{1000} = \frac{21}{500}$

5.2 Rechnen mit Prozenten

Regel

Aus zwei der drei Größen *Prozentwert, Grundwert* und *Prozentsatz* kann die dritte Größe mithilfe der Dreisatzrechnung berechnet werden.
Dazu sollte man sich folgende Zuordnungen merken:
Der Grundwert G entspricht immer 100 %: **G → 100 %** bzw. **100 % → G**
Der Prozentwert W ist immer dem Prozentsatz p % zugeordnet: **p % → W**
Beachte: Die gesuchte Größe muss dabei immer *rechts* stehen!

Beispiel 1: Bei einer Umfrage geben 18 von 30 Schülerinnen und Schülern einer Klasse Mathematik als ihr Lieblingsfach an. Wie viel Prozent sind das?

Die 30 Schüler entsprechen dem Grundwert. Da der Prozentsatz gesucht ist, muss man 100 % auf die rechte Seite schreiben. Rechnet man auf den Prozentwert (= 18 Schüler) hoch, erhält man: $\frac{10}{3}\% \cdot 18 = \mathbf{60\,\%}$

	30 Schüler	→	100 %	
:30	1 Schüler	→	$\frac{10}{3}$ %	:30
· 18	18 Schüler	→	60 %	· 18

Beispiel 2: Ein neuer PC kostet 899 €. Nach einigen Monaten verbilligt sich der PC um 40 % seines ursprünglichen Preises. Wie viel Euro spart man, wenn man mit dem Kauf des PCs einige Monate wartet?

Der ursprüngliche Preis 899 € ist hier der Grundwert. Gesucht ist der Prozentwert, der dem Prozentsatz 40 % entspricht. Man spart dann also 359,60 €.

	100 %	→	899 €	
:100	1 %	→	8,99 €	:100
· 40	40 %	→	359,60 €	· 40

Beispiel 3: 35 % der Schüler eines Gymnasiums kommen mit dem Bus zur Schule. Das sind 245 Schüler. Wie viel Schüler gehen auf dieses Gymnasium?

Gesucht ist hier die Gesamtzahl der Schüler, also der Grundwert. Bekannt sind der Prozentwert (= 245 Schüler) und der Prozentsatz 35 %. Es gehen 700 Schüler auf das Gymnasium.

	35 %	→	245 Schüler	
:35	1 %	→	7 Schüler	:35
· 100	100 %	→	700 Schüler	· 100

4 Berechne den Prozentsatz (runde auf die zweite Dezimale, falls nötig). Schreibe den Dreisatz ins Heft.

a) 15 € von 75 € = ____________ b) 12 kg von 36 kg = ____________

c) 162 Autos von 180 Autos = ______ d) 36 Bäume von 480 Bäumen = ______

5 Berechne den Prozentwert. Schreibe den Dreisatz ins Heft.

a) 25 % von 348 Schülern = ________ b) 90 % von 30 Lehrern = ________

c) 4 % von 75 Computern = ________ d) 42 % von 60 Mio. Wählern = ________

6 Berechne den Grundwert. Schreibe den Dreisatz ins Heft.

a) 35 Autos sind 10 %; G = ________ b) 16 Schüler sind 40 %; G = ________

c) 5,5 % sind 520 €; G = ________ d) 2,5 % sind 25 Fische; G = ________

7 Ein Limonadenhersteller wirbt auf seinen Flaschen mit dem Text *„20 % mehr Inhalt"*. In einer alten Flasche war 270 ml Limonade. Um wie viel Milliliter Limonade hat sich der Inhalt erhöht? Wie viel ist jetzt in einer Flasche?

8 Frau Knauser verdient 2400 € im Monat und gibt davon monatlich 180 € für Nahrungsmittel aus. Wie viel Prozent ihres Einkommens sind das?

9 In einem Landkreis haben 34 Gymnasien den Ganztagesunterricht eingeführt. Das entspricht einer Quote von 40 %. Wie viel Gymnasien gibt es insgesamt in diesem Landkreis?

5.3 Grafische Darstellungen

Regel

Man kann die prozentuale Aufteilung einer ganzen Größe z. B. anhand eines **Säulen- oder Balkendiagramms**, eines **Streifendiagramms** oder eines **Kreisdiagramms** veranschaulichen. In einem Säulen-, Balken- und Streifendiagramm wird ein Prozentsatz p % durch die Höhe bzw. Länge einer Säule bzw. Balkens/Streifens veranschaulicht. Trägt man die Säulen waagerecht an, spricht man von einem Balkendiagramm. In einem Kreisdiagramm steht der Öffnungswinkel eines Kreisausschnitts für den entsprechenden Prozentsatz p %.

Beispiel 4: Die Tabelle zeigt, mit welchen Verkehrsmitteln die Schüler eines Gymnasiums zur Schule kommen. Stelle die Verteilung grafisch dar.

Bus	Auto	Mofa	Fahrrad	Zu Fuß
40 %	3 %	12 %	27 %	18 %

In einem **Säulendiagramm** ist die *Höhe* einer Säule proportional zum jeweiligen Prozentsatz. Besonders praktisch ist es, wenn man als Maßstab 1 % ≙ 1 mm wählt (in der Zeichnung rechts verkleinert dargestellt). Dann gibt die Prozentzahl p die Höhe der Säule in mm an.

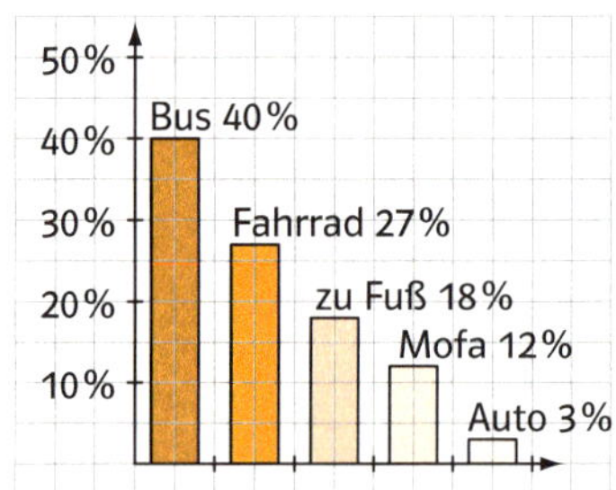

In einem **Streifendiagramm** entspricht der ganze Streifen 100 %. Die *Länge* eines einzelnen Abschnitts ist proportional zum jeweiligen Prozentsatz. Besonders praktisch ist es hier, wenn man den ganzen Streifen 100 mm (= 10 cm) lang zeichnet. Dann gibt jeder Prozentsatz die Länge des entsprechenden Streifens in mm an.

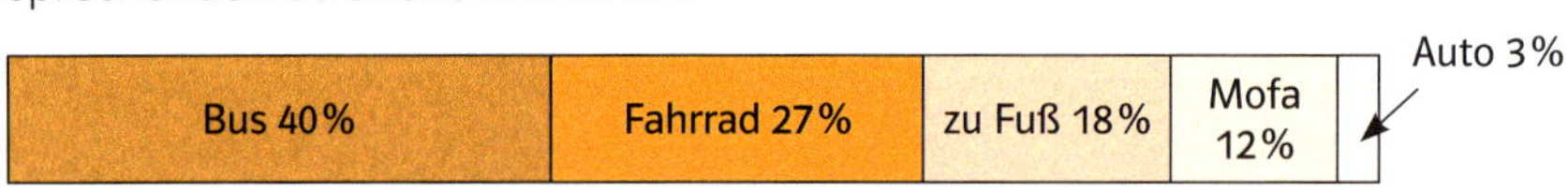

In einem **Kreisdiagramm** entspricht der ganze Kreis 100 % (360°). Die Öffnungswinkel der Kreisausschnitte erhält man, indem man jede Prozentzahl mit **3,6°** multipliziert:

Bus, 40 %: $40 \cdot 3{,}6° = 144°$; $40\,\% \triangleq 144°$

Fahrrad, 27 %: $27 \cdot 3{,}6° = 97{,}2°$; $27\,\% \triangleq 97{,}2°$

Zu Fuß, 18 %: $18 \cdot 3{,}6° = 64{,}8°$; $18\,\% \triangleq 64{,}8°$

Mofa, 12 %: $12 \cdot 3{,}6° = 43{,}2°$; $12\,\% \triangleq 43{,}2°$

Auto, 3 %: $3 \cdot 3{,}6° = 10{,}8°$; $3\,\% \triangleq 10{,}8°$

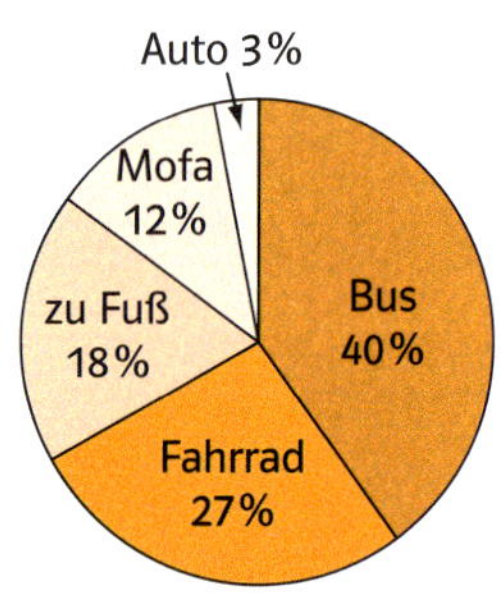

Tipp

Die Summe aller prozentualen Anteile ergibt immer **100 %**.
Ein fehlender Prozentsatz p % kann somit aus allen anderen Anteilen berechnet werden. Wenn Anteile mit Brüchen angegeben sind, muss man die Brüche zuerst in Prozentsätze umrechnen (→ Seite 56).

10 Die monatlichen Ausgaben einer Familie verteilen sich folgendermaßen:
Essen und Getränke: 23 %; Miete: 35 %; Auto und Verkehr: 17 %;
Kleidung: 9 %; Sonstiges: 16 %.
Stelle die Anteile in einem Säulen- und in einem Kreisdiagramm dar.

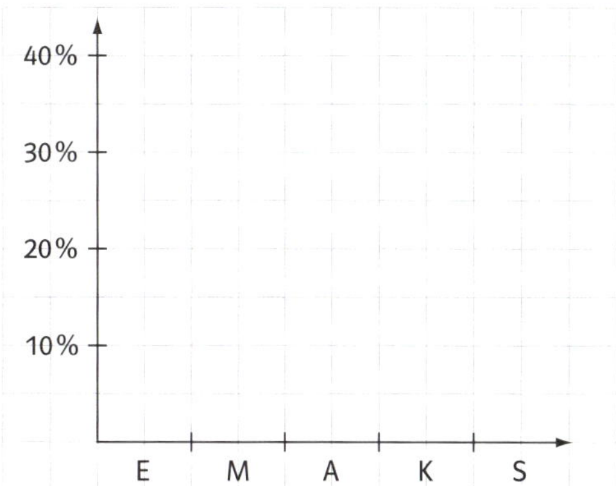

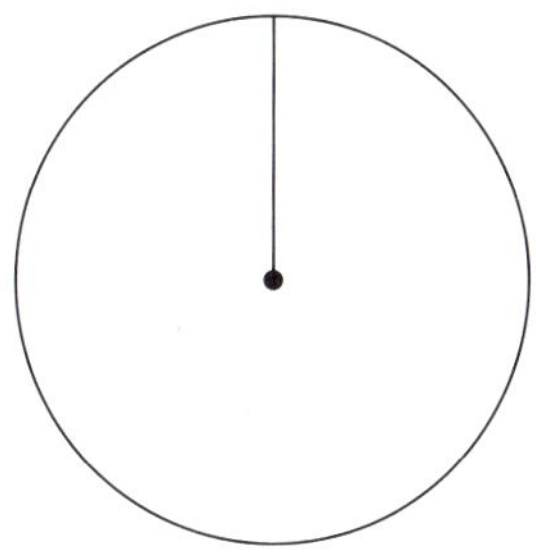

11 Im abgebildeten Kreisdiagramm fehlt ein Anteil.

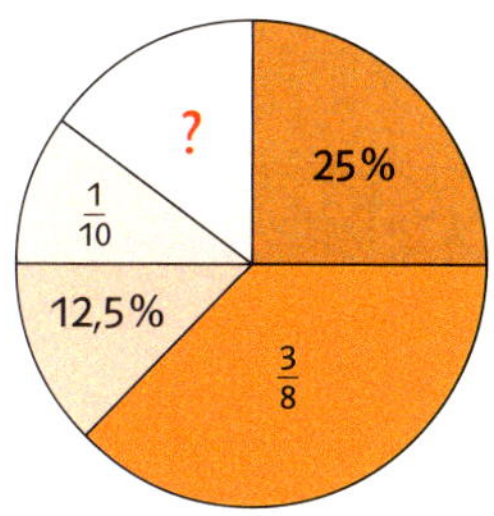

a) Kannst du den fehlenden Anteil berechnen?

b) Überprüfe deine Rechnung, indem du den Winkel nachmisst.

c) Veranschauliche die Verteilung in einem Streifendiagramm.

12 Das Säulendiagramm zeigt die Stimmenanteile bei einer Bürgermeisterwahl.

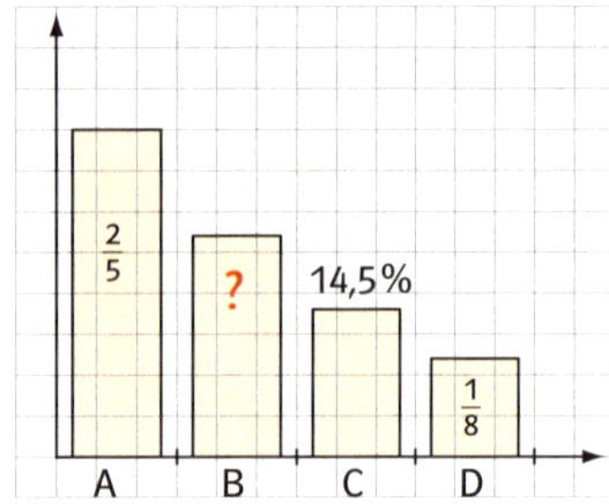

a) Wie viel Prozent der Stimmen hat Kandidat B bekommen?

b) Wie viele Stimmen wurden insgesamt abgegeben, wenn Kandidat B 1221 Stimmen erhielt?

c) Veranschauliche die Verteilung in einem Kreisdiagramm.

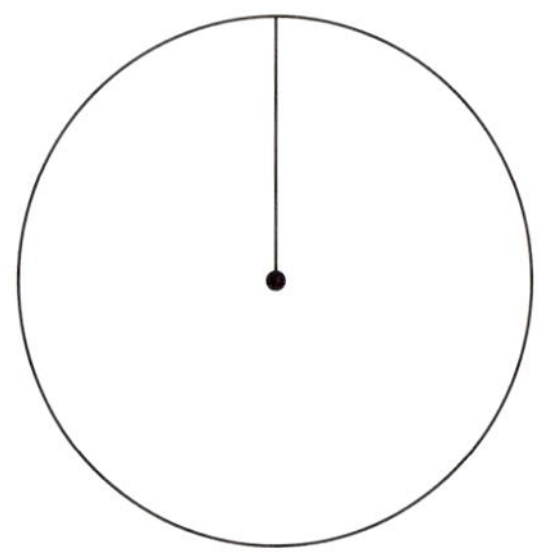

13 Die Tabelle zeigt das Ergebnis einer Schülerumfrage zu ihrem bevorzugten Hauptfach.

Mathematik	Deutsch	Englisch	Französisch
7,5%	35%	$\frac{3}{8}$	45 Schüler

a) Kannst du den Stimmenanteil in Prozent für Französisch berechnen?

b) Wie viele Schülerinnen und Schüler haben an der Umfrage teilgenommen?

c) Veranschauliche das Umfrageergebnis in einem Kreisdiagramm.

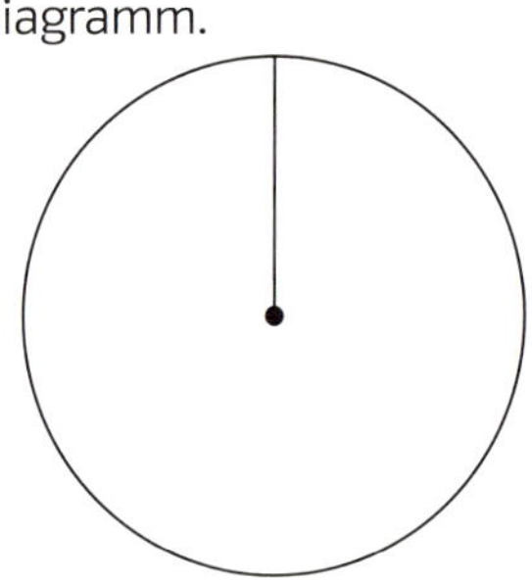

44 Erkläre anhand einer Pizza die Begriffe *Grundwert* und *Prozentwert*.

45 Wie rechnet man einen Prozentsatz in einen Bruch um?

46 Wie rechnet man einen Bruch in einen Prozentsatz um?

47 Wie kann man aus Prozentwert und Grundwert auch ohne eine Dreisatzrechnung den entsprechenden Prozentsatz berechnen?

48 Was ist der Vorteil, wenn man verschiedene Anteile mit Prozentsätzen und nicht mit Brüchen beschreibt?

49 Wie viel Prozent entsprechen immer dem Grundwert?

50 Auf welcher Seite des Dreisatzschemas muss man die gesuchte Größe schreiben?

51 Wofür steht die Höhe einer Säule in einem Säulendiagramm?

52 Wie sollte man den Maßstab beim Zeichnen eines Säulen- bzw. Streifendiagramms wählen?

53 Wie berechnet man aus einem Prozentsatz die Winkelöffnung eines Kreisausschnitts in einem Kreisdiagramm?

54 Wie kann man einen fehlenden prozentualen Anteil berechnen, wenn man alle anderen prozentualen Anteile kennt?

__/4 **1** Schreibe den Bruch als Prozentsatz.

a) $\frac{1}{4}$ = ________ % b) $\frac{7}{40}$ = ________ %

c) $\frac{13}{20}$ = ________ % d) $\frac{1}{6}$ = ________ %

__/2 **2** Eine Jeanshose kostet 45,50 €. Im Ausverkauf wird der Preis um 24 % herabgesetzt.
Um wie viel Euro wird die Hose billiger?
Wie viel kostet sie jetzt?

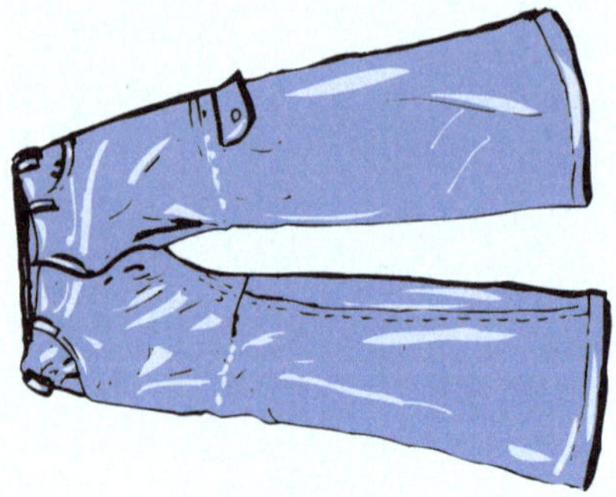

__/2 **3** Kevin trinkt auf einer Party 1,5 Liter Cola, obwohl er weiß, dass Cola 10 % Zucker enthält. Wie viel Gramm Zucker hat er zu sich genommen, wenn 1 Liter Cola 1000 Gramm wiegt?

__/1 **4** Familie Esser gibt monatlich 450 € für Nahrung aus.
Wie viel Prozent des Familienhaushalts sind das, wenn Familie Esser jeden Monat über 6250 € verfügt?

__/3 **5** Bei der Klassensprecherwahl erhielten die vier Kandidaten folgende Stimmenanteile:
Kandidat A: 17 %; Kandidat B: 38 %;
Kandidat C: 15 %; Kandidat D: 30 %.
Stelle die Stimmenanteile in einem Säulen- und in einem Kreisdiagramm dar.

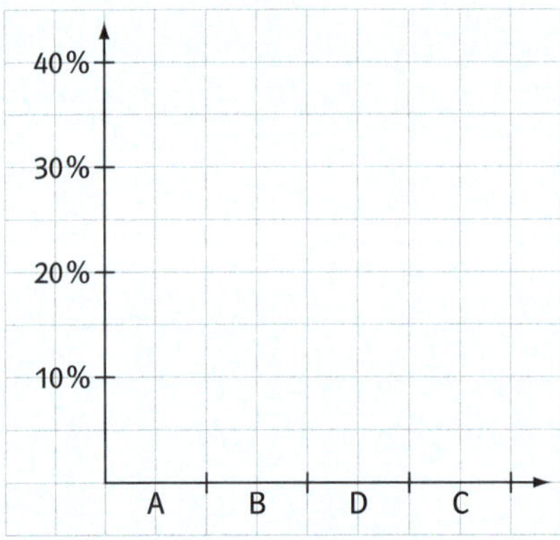

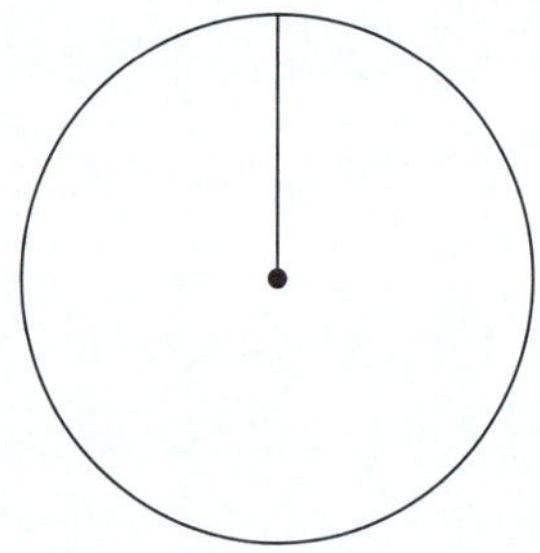

6 Die Tabelle zeigt, wie viel Verpackungsmüll jeder Bundesbürger durchschnittlich im Jahr erzeugt. ___/4

Papier	Glas	Holz	Kunststoffe	Metall	Verbund
67,5 kg	53,7 kg	26,0 kg	20,7 kg	15,6 kg	7 kg

a) Berechne im Heft jeweils den prozentualen Anteil am gesamten Müllaufkommen.

b) Veranschauliche die Anteile in einem Kreisdiagramm.

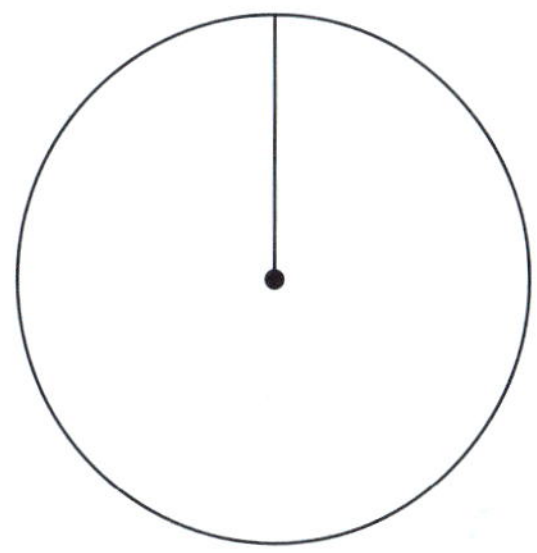

7 Das Schaubild zeigt die Anteile der einzelnen Energieträger Deutschlands für die Stromversorgung. ___/4

Braunkohle hat mit 139,5 Mrd. kWh den größten Anteil.

a) Wie viel Milliarden Kilowattstunden (kWh) wurden mit den anderen Energieträgern erzeugt?

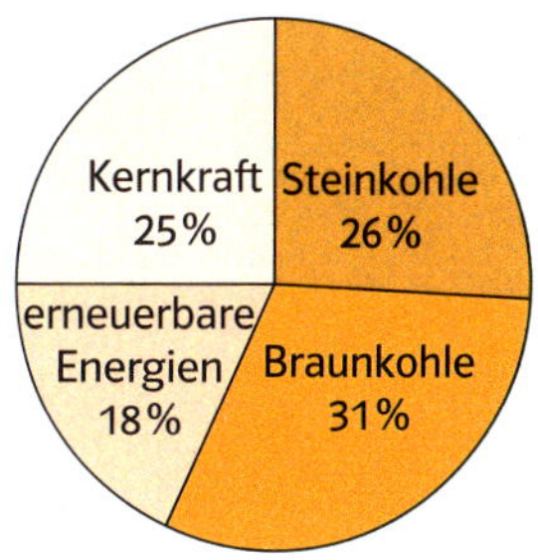

b) Wie viel Gramm Kohlendioxid (CO_2) wurden durch den Stromverbrauch erzeugt, wenn pro Kilowattstunde 614 g CO_2 freigesetzt werden?
Hinweis: Kernkraft und die erneuerbaren Energieträger Sonne, Wind und Wasser verursachen keinen CO_2-Ausstoß. Der erneuerbare Energieträger Holz bindet beim Nachwachsen wieder CO_2, weswegen sein CO_2-Ausstoß vernachlässigt werden kann.

Gesamtpunktzahl ___/20

6 Winkel

Kreisbewegungen, wie der Lauf der Gestirne, können mit einem Zeiger beschrieben werden, der sich um den Mittelpunkt der durchlaufenen Kreisbahn dreht. Um die Lage eines solchen Zeigers exakt angeben zu können, hat man eine dafür geeignete Maßeinheit eingeführt: das Gradmaß. Zusammen mit einer Nulllinie spannt ein Zeiger einen Winkel auf – eine weitere wichtige Größe in der Geometrie. Was bedeuten Grad und Winkel genau?

6.1 Der Zahlenkreis

Regel

Auf einem **Zahlenkreis** ist die Kreislinie in 360 gleich lange Teile unterteilt. Wenn der Zeiger auf dem Zahlenkreis um einen Teilstrich weiter gewandert ist, hat er sich um **1 Grad** (kurz: **1°**) gedreht. Auf dem abgebildeten Zahlenkreis steht der Zeiger bei 140°.

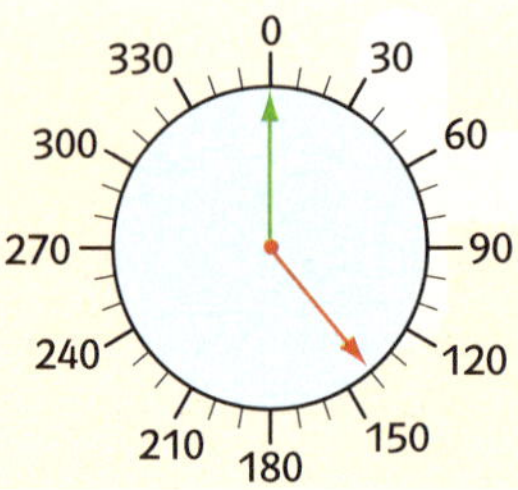

Auf einem Geodreieck sind zwei halbe Zahlenkreise aufgedruckt. Die eine Einteilung zählt **im Uhrzeigersinn**, die andere **gegen den Uhrzeigersinn**.

Info plus

Die Einteilung des Kreises in 360 gleich lange Abschnitte ist über 3000 Jahre alt und stammt von den **Babyloniern**. Vorbild für diese Einteilung war vermutlich der Jahreskreislauf der Sonne von ca. 360 Tagen. Der griechische Astronom **Ptolemäus** (100 – 160 n. Chr.) übernahm diese Einteilung des Kreises und brachte sie nach Europa.

1 Um wie viel Grad hat sich der kleine Zeiger einer Uhr (ausgehend von 12 Uhr) gedreht, wenn es 2 Uhr, 6 Uhr und 10 Uhr ist?
(Beachte: Auf einer Uhr entsprechen 12 Stunden 360°.)

2 Die Abbildung zeigt die Position der Erde am 21. Dezember (= 0°).
Zeichne die Position der Erde am 21. März ein und gib die entsprechende Gradzahl an. ____________
(Die Einteilung verläuft entgegen dem Uhrzeigersinn.)

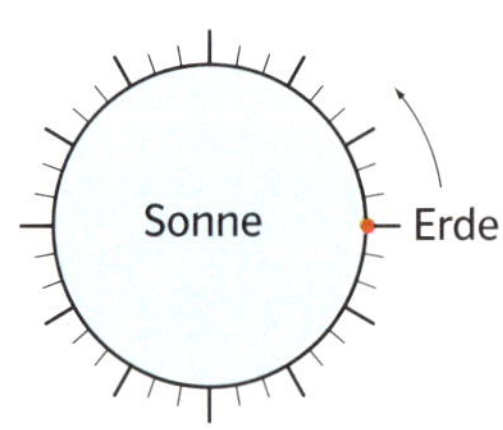

6.2 Winkel messen und zeichnen

Regel

Ein **Winkel** besteht aus einem Scheitel und zwei Schenkeln.
Liegt der Punkt A auf dem **ersten Schenkel** und der Punkt B auf dem **zweiten Schenkel**, bezeichnet man den Winkel mit ∢ASB, wobei S der **Scheitel** des Winkels ist.
Der 2. Schenkel entsteht immer durch Drehung des 1. Schenkels entgegen dem Uhrzeigersinn.

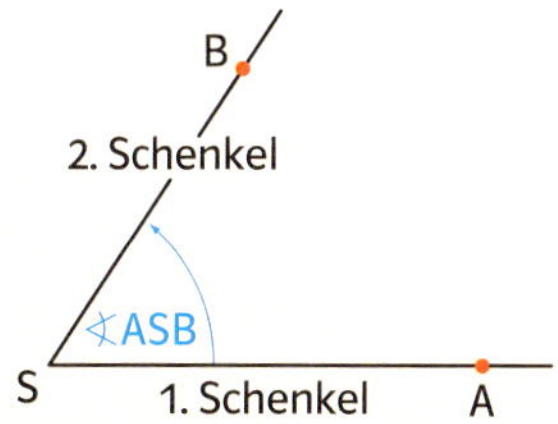

Winkelweiten werden auch mit griechischen Buchstaben $\alpha, \beta, \gamma, \delta, \varepsilon, \ldots$ bezeichnet (alpha, beta, gamma, delta, epsilon, ...).

Beispiel 1: Zeichne mit dem Geodreieck den Winkel 50°.
① Zunächst zeichnet man einen Schenkel und den Scheitel.
② Dann legt man die lange Kante des Geodreiecks auf den Schenkel und bringt die „0" mit dem Scheitel S zur Deckung.
③ Anschließend markiert man bei 50° einen Punkt P des zweiten Schenkels, den man dann von S aus durch P zeichnen kann.

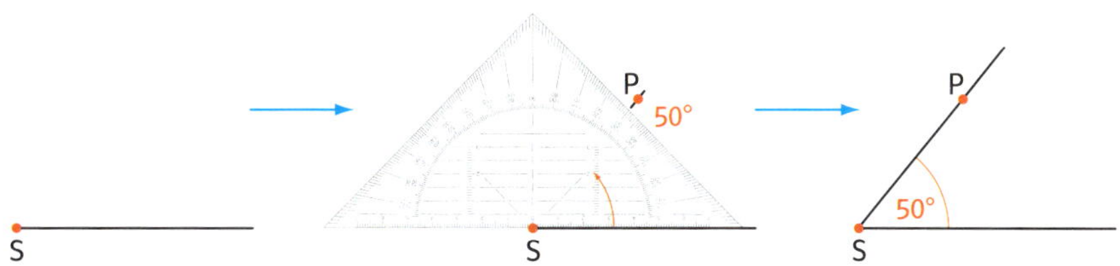

Beispiel 2: Wie groß sind die abgebildeten Winkel?
① Zunächst bringt man die „0" des Geodreiecks mit dem Scheitel zur Deckung und die lange Kante des Geodreiecks mit einem Schenkel.
② Danach liest man die entsprechende Gradzahl auf der richtigen Einteilung des Geodreiecks ab. Vorsicht! Die richtige Einteilung ist die, die beim „Drehen" des waagerechten Schenkels zum auszumessenden Schenkel hin zunimmt.

a)

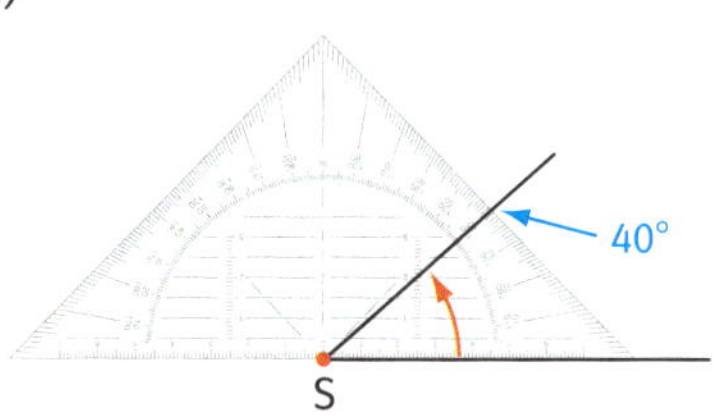

b)

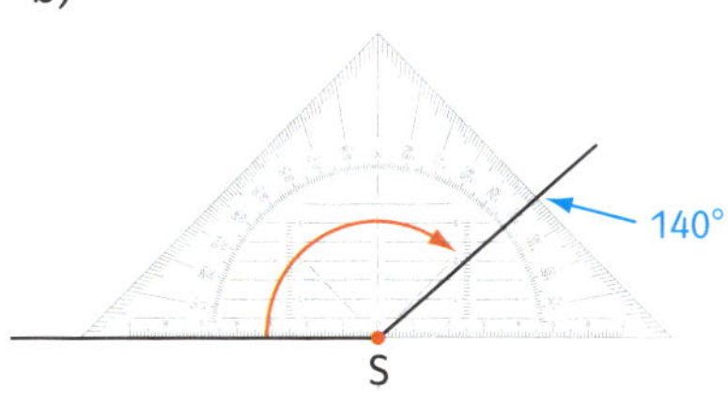

Tipp

Stumpfe Winkel messen und zeichnen

Wenn man einen Winkel α zeichnen bzw. messen soll, der größer als 180° ist, muss man zuerst den Winkel 360° - α zeichnen bzw. messen.
Der Winkel α wird dann durch den Kreisbogen beschrieben, der zu 360°, also einem ganzen Kreis, fehlt.

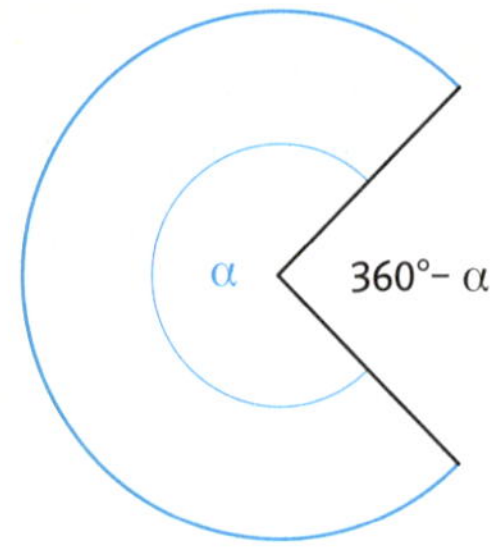

3 Notiere die markierten Winkel mithilfe der Eckpunkte.

a)

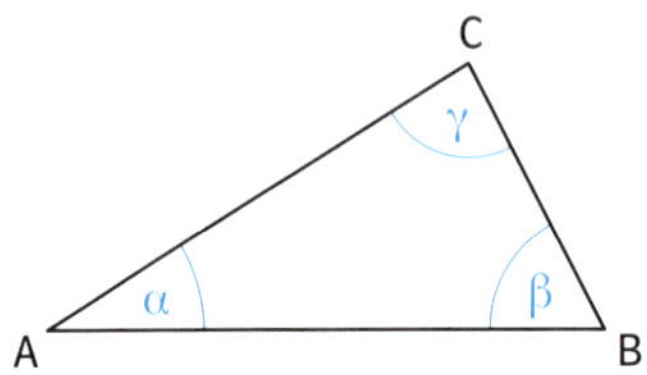

$\alpha = \sphericalangle$ ______ ; $\beta = \sphericalangle$ ______ ; $\gamma = \sphericalangle$ ______

b)

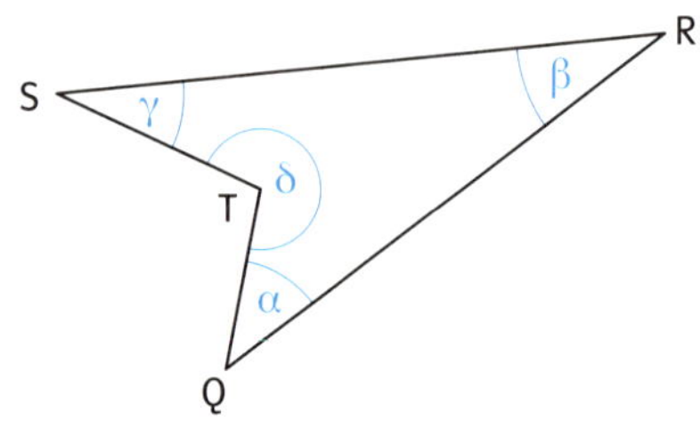

$\alpha = \sphericalangle$ ______ ; $\beta = \sphericalangle$ ______ ;

$\gamma = \sphericalangle$ ______ ; $\delta = \sphericalangle$ ______

4 Zeichne im Heft die Winkel $\sphericalangle PSQ = 57°$, $\sphericalangle RZT = 138°$, $\sphericalangle ABC = 215°$, $\alpha = 90°$ und $\beta = 315°$. Erstelle für jeden Winkel eine eigene Zeichnung und achte darauf, dass du die Punkte und Winkel richtig beschriftest.

5 Miss die abgebildeten Winkel. Verlängere die Schenkel, falls nötig.

a)

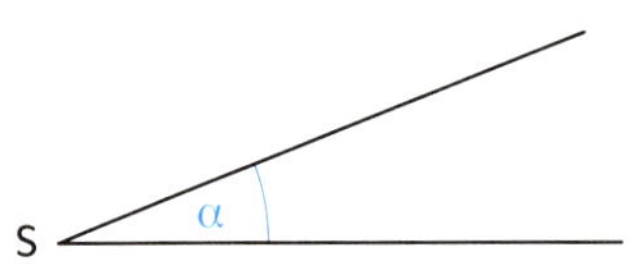

______

b)

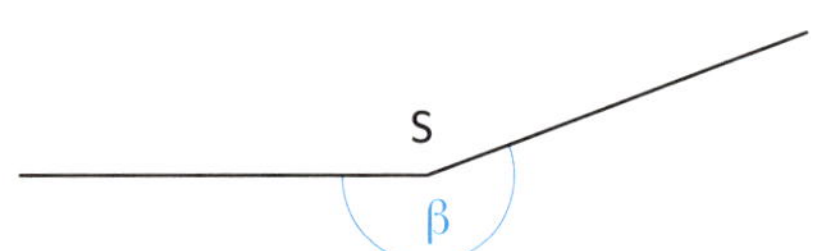

______

Regel

Winkelarten

Man teilt die Winkel nach ihrer Größe in verschiedene Winkelarten ein:
Einen **rechten Winkel** kennzeichnet man durch einen Punkt in einem Viertelkreis.

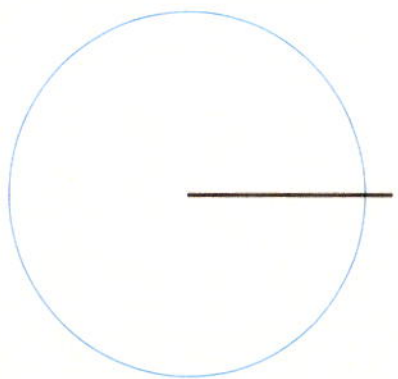

Nullwinkel: $\alpha = 0°$
Vollwinkel: $\alpha = 360°$

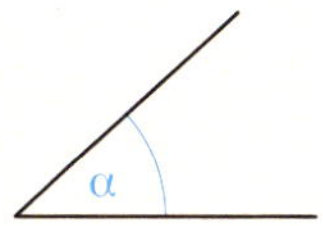

spitzer Winkel: $0° < \alpha < 90°$

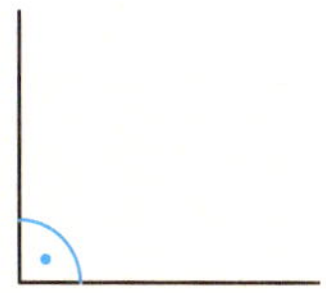

rechter Winkel: $\alpha = 90°$

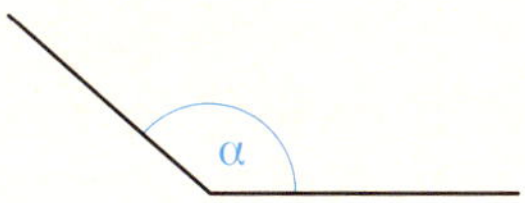

stumpfer Winkel: $90° < \alpha < 180°$

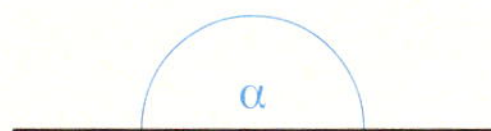

gestreckter Winkel: $\alpha = 180°$

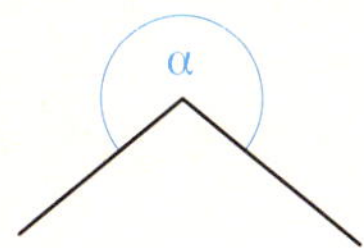

überstumpfer Winkel:
$180° < \alpha < 360°$

6 Gib zuerst die richtige Winkelart an. Miss dann den Winkel aus.

a)
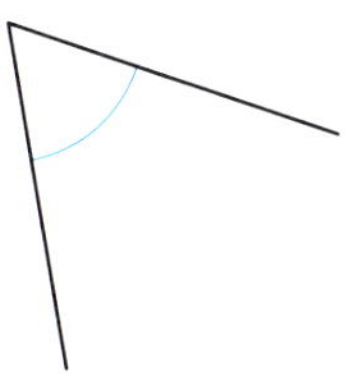

b)
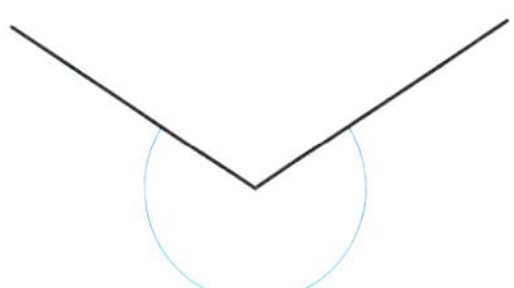

c)
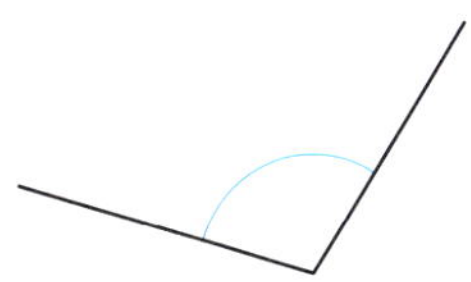

d)
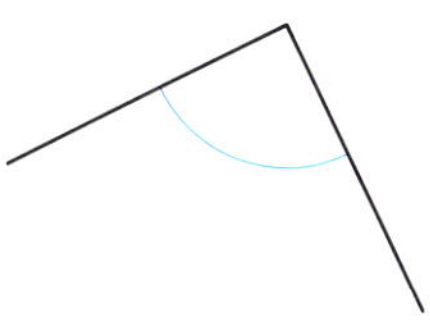

e)
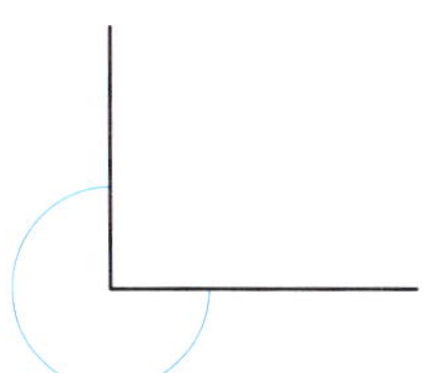

f)

a) ______________________

b) ______________________

c) ______________________

d) ______________________

e) ______________________

f) ______________________

6.3 Besondere Winkel an Geradenkreuzungen

Regel

Wenn sich zwei Geraden schneiden, gibt es vier Schnittwinkel. Zwei nebeneinander liegende Winkel nennt man **Nebenwinkel**. Ihre Summe ist immer **180°**. Die beiden Winkel, die jeweils einander gegenüberliegen, nennt man **Scheitelwinkel** oder auch **Gegenwinkel**. Sie sind immer gleich groß.

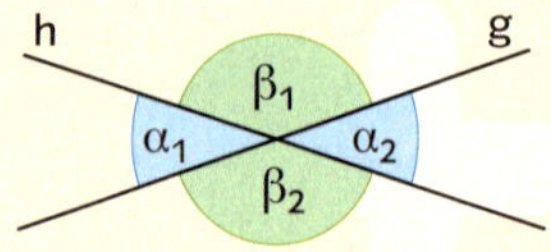

Wenn zwei parallele Geraden f und h von einer dritten Geraden g geschnitten werden, sind die Schnittwinkel zwischen g und h gleich groß, wie die entsprechenden Schnittwinkel zwischen g und f. Die Winkel α_1 und α_2 sind gleich groß und heißen **Stufenwinkel**. Die Winkel β_1 und β_2 sind ebenfalls gleich groß und werden **Wechselwinkel** genannt.

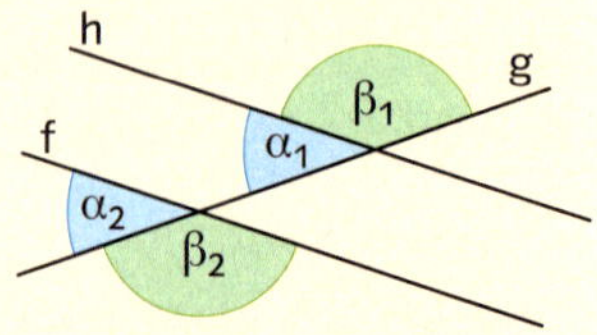

Beispiel 3: In der linken Zeichnung sind die Paare der Scheitelwinkel eingezeichnet. In der rechten Zeichnung sind die Paare der Stufenwinkel (blau) und der Wechselwinkel (grün) eingetragen. Durch Nachmessen kannst du prüfen, dass sich zwei nebeneinanderliegende Winkel zu 180° ergänzen.

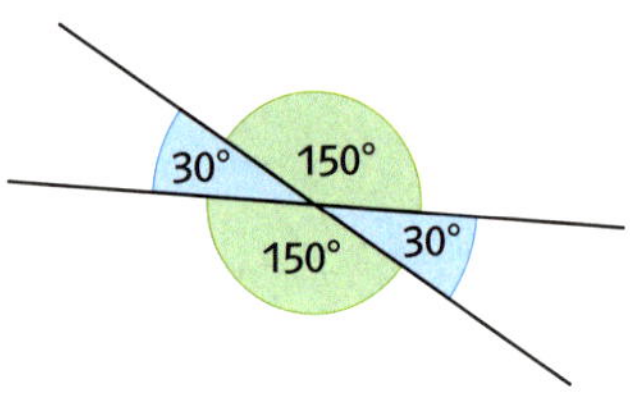

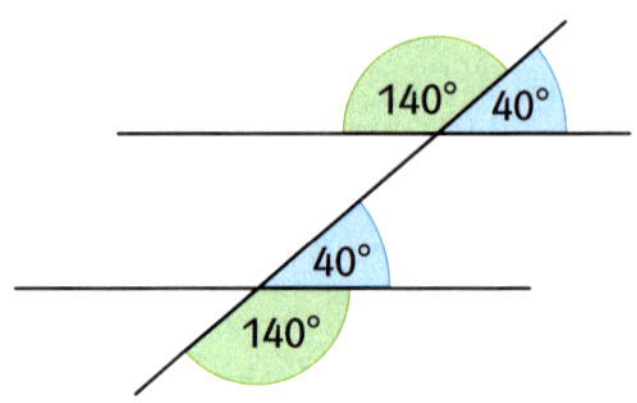

7 Arbeite im Heft. Berechne die fehlenden Winkel und gib bei allen gleich großen Winkeln an, ob es sich dabei um Scheitelwinkel, Stufenwinkel oder Wechselwinkel handelt.

a)

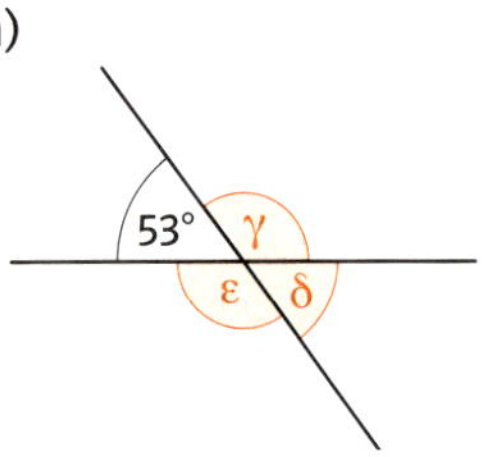

b)

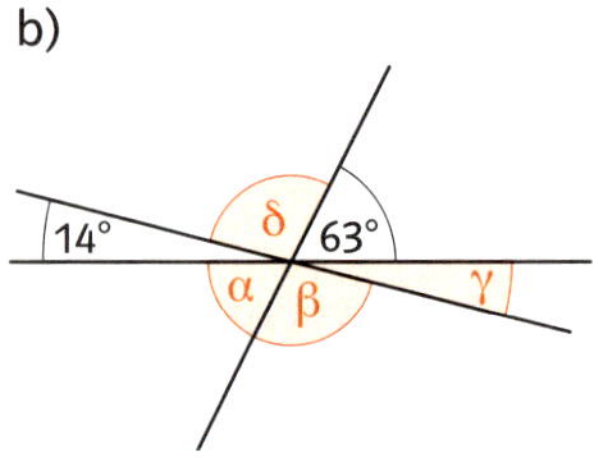

c)

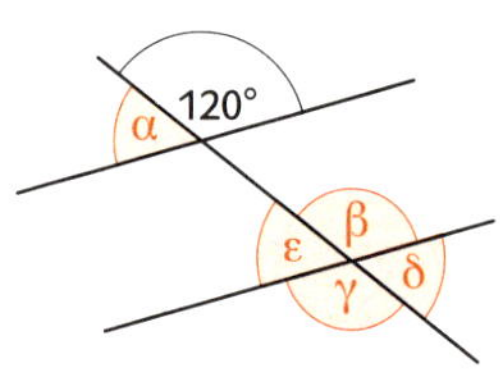

6.4 Winkel am Dreieck

Regel

In jedem Dreieck ergibt die **Summe der drei Innenwinkel** 180°. Es gilt: $\alpha + \beta + \gamma = 180°$. Dabei liegt der Winkel α bei Punkt A, β bei Punkt B und γ bei Punkt C. Verlängert man die drei Seiten über die Ecken hinaus, erhält man die Außenwinkel α', β' und γ'. Die **Summe der Außenwinkel** beträgt in jedem Dreieck 360°. Es gilt: $\alpha' + \beta' + \gamma' = 360°$

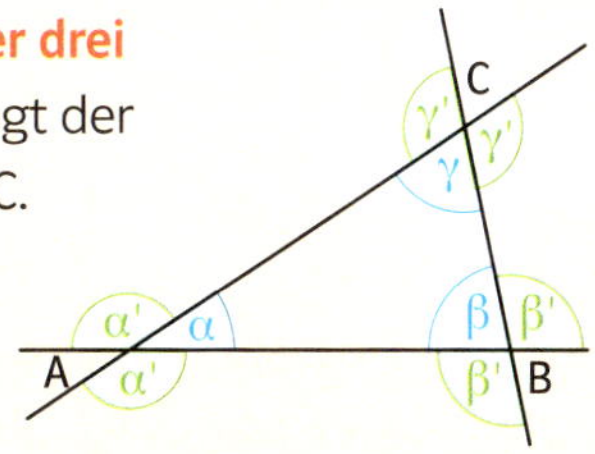

Beachte: Ein Innenwinkel und der entsprechende Außenwinkel sind Nebenwinkel. Ihre Summe ist daher immer 180°.

8 Miss die Innenwinkel bzw. Außenwinkel und berechne die Innen- und Außenwinkelsumme.

a)

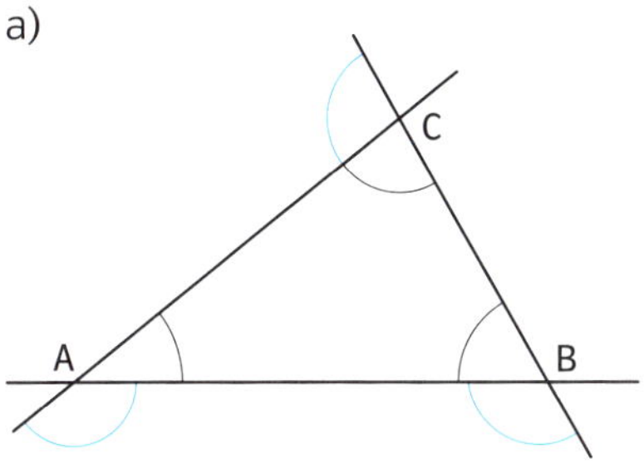

b)

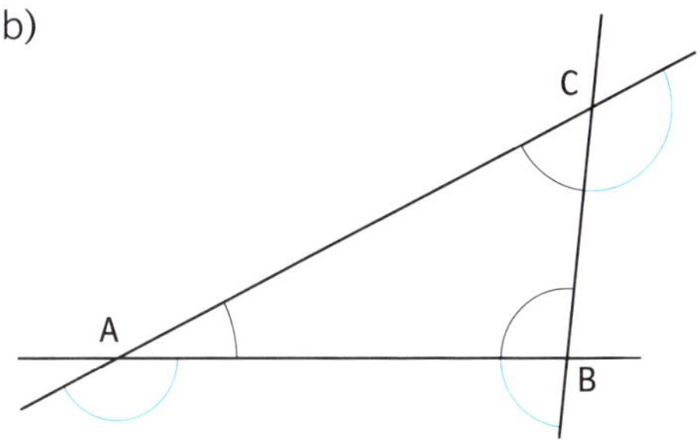

9 Berechne die fehlenden Winkel im Heft und trage sie ein.

a)

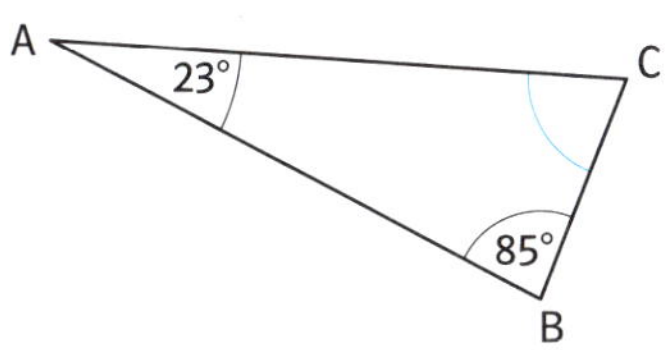

b)

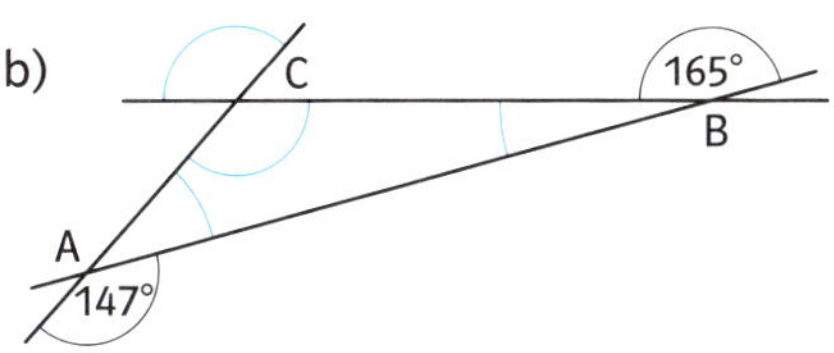

c)

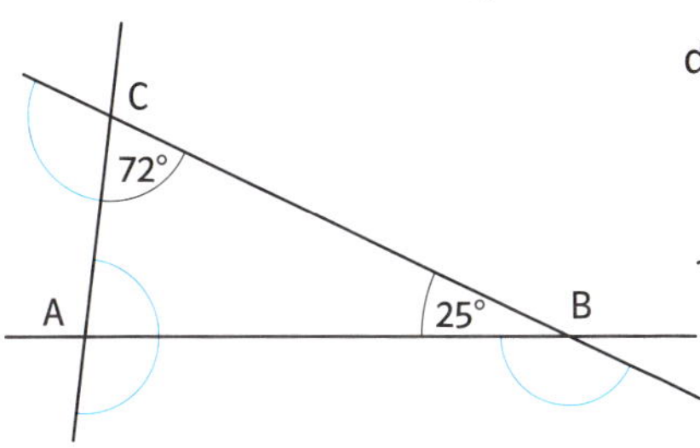

d)

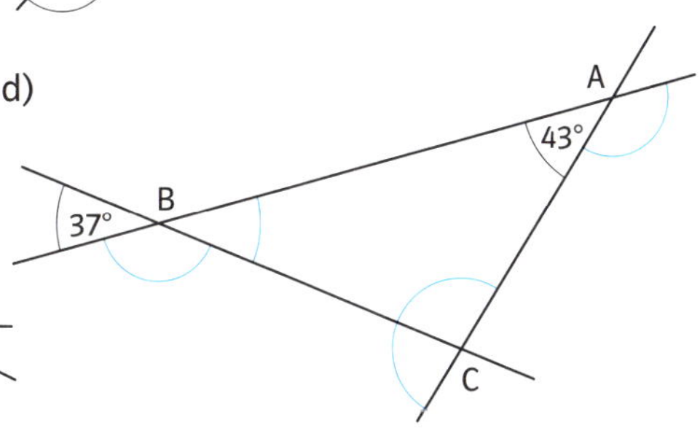

55 In wie viele gleich lange Abschnitte ist ein Zahlenkreis unterteilt? Wie lautet die Maßeinheit? ____

56 Gibt es auch Zahlenkreise mit einer Unterteilung gegen den Uhrzeigersinn?

____

57 Warum kann man einen Winkel, der größer als 180° ist, nicht mehr direkt mit dem Geodreieck messen bzw. zeichnen? Wie muss man dann vorgehen?

____

____

58 Gib mindestens vier griechische Buchstaben an, mit denen Winkel bezeichnet werden. ____

59 Wie kann man einen Winkel, außer mit griechischen Buchstaben, noch bezeichnen? ____

____

60 Was ist ein rechter Winkel und wie wird er gewöhnlich gekennzeichnet?

____

____

61 Wo kommen Scheitel- und Nebenwinkel vor?

____

62 Wo kommen Stufen- und Wechselwinkel vor?

____

63 Wie viel Grad ergibt die Summe der Innenwinkel eines Dreiecks? ____

64 Wie viel Grad ergibt die Summe der Außenwinkel eines Dreiecks? ____

65 In welcher Beziehung steht ein Innenwinkel mit seinem entsprechenden Außenwinkel? ____

1 Miss die abgebildeten Winkel. ___/4

a)

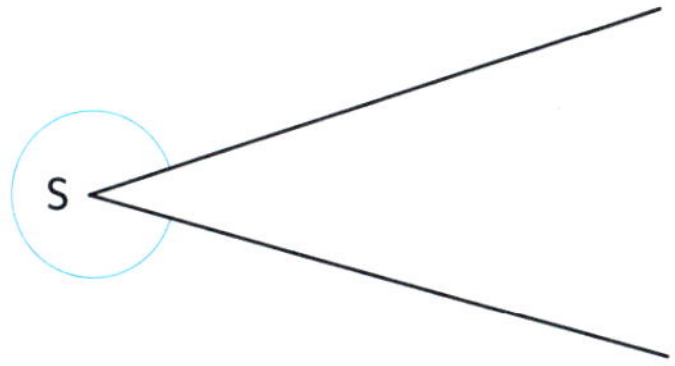

____

b)

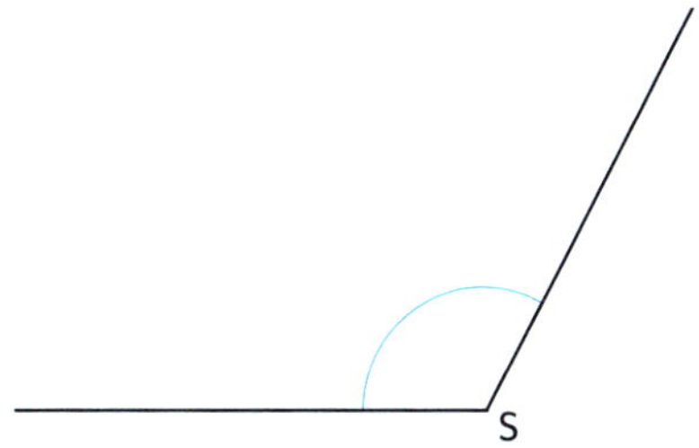

____

c)

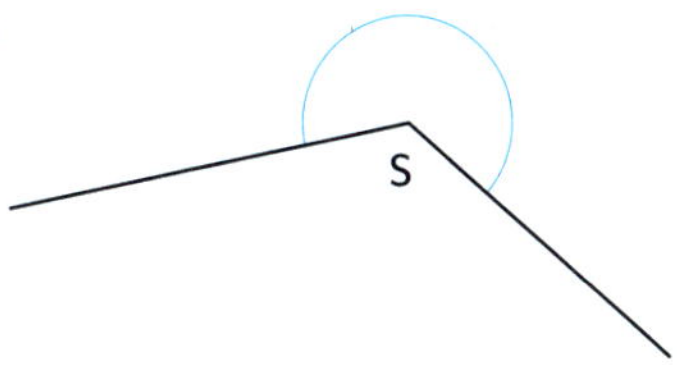

____

d)

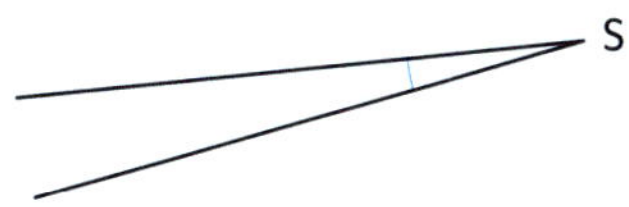

____

2 Zeichne die Winkel: 18°, 161°, 253°, 340° ___/4

3 Gib die zugehörigen Winkelbereiche an. ___/3

Voll- bzw. Nullwinkel = ____________, spitzer Winkel = ____________,

rechter Winkel = ____________, gestreckter Winkel = ____________,

stumpfer Winkel = ____________, überstumpfer Winkel = ____________

___/6 **4** Trage die Punkte A(−2|0); B(7|1); C(4|5), D(0|4) in das Achsenkreuz ein. Miss die Winkel ∢CBA, ∢BCD, ∢ADC und ∢ABC und gib jeweils die Winkelart an. Achte auf die richtige Lage der Schenkel.

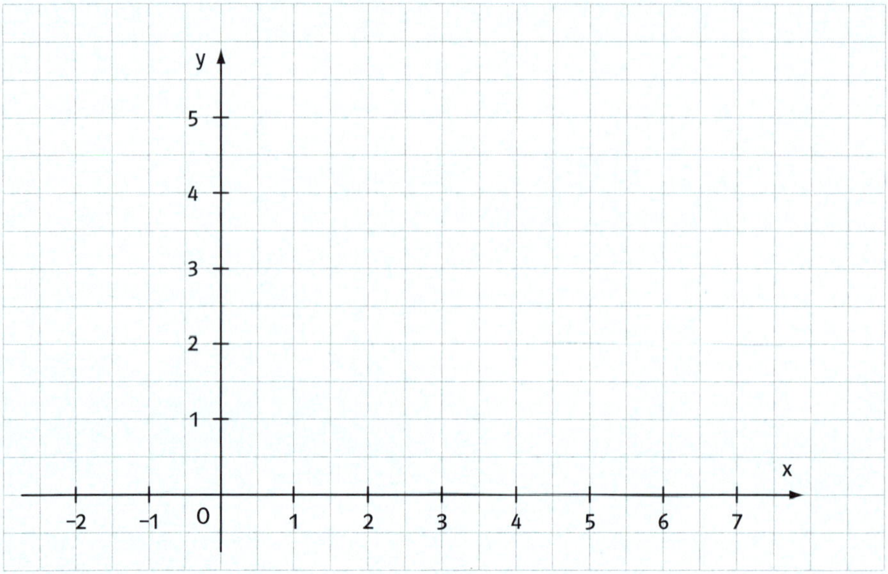

___/3 **5** Trage die Zeigerstellung der Uhrzeit in das Ziffernblatt ein und gib den kleineren Winkel zwischen dem kleinen und großen Zeiger an. Um welche Winkelart handelt es sich?

a) 4 Uhr

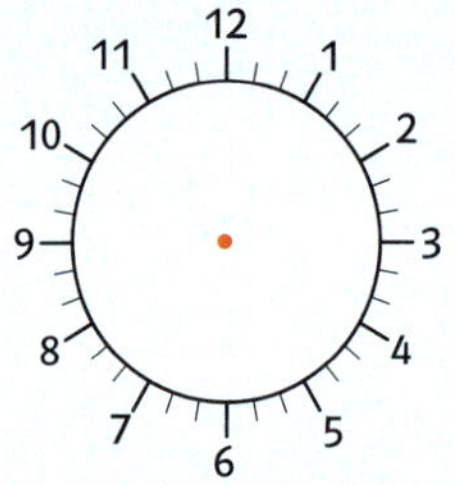

b) 21 Uhr

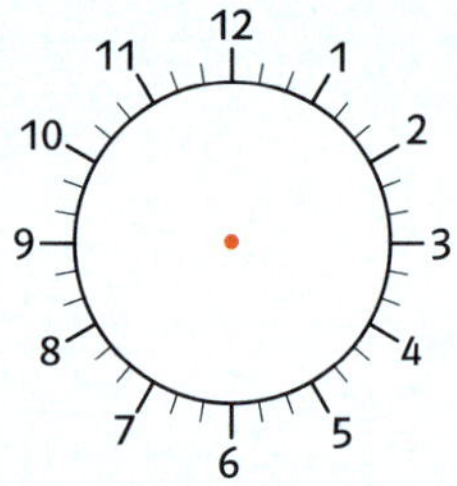

c) 18 Uhr

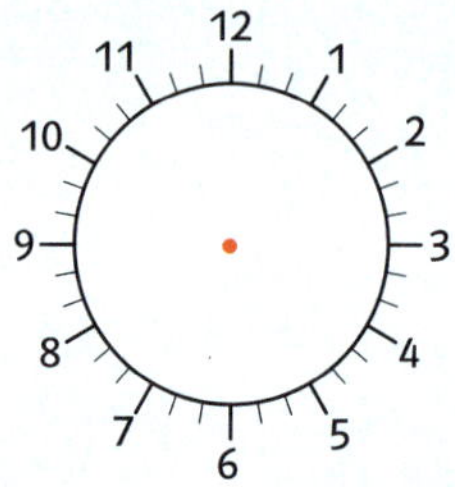

___/4 **6** Uli macht sich morgens immer auf den Weg zur Schule, wenn sich der kleine Uhrzeiger seit 0 Uhr um 210° weitergedreht hat. Wenn er von der Schule nach Hause kommt, steht der kleine Zeiger um 45° weiter als bei 12 Uhr.

a) Um wie viel Uhr geht Uli zur Schule und wann kommt er wieder heim?

b) Wie lange dauert Ulis Schultag?

7 Berechne die fehlenden Winkel. (Tipp zu f: Du benötigst eine Hilfslinie.) ___/6

a)

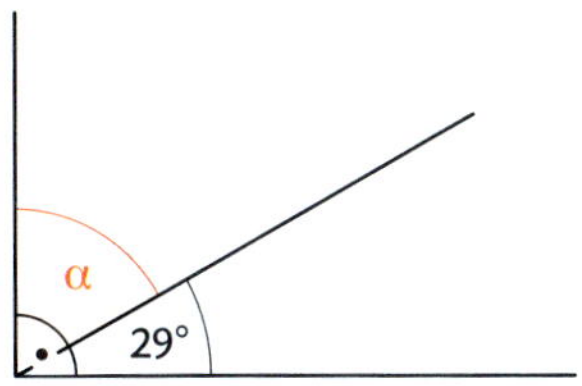

b)

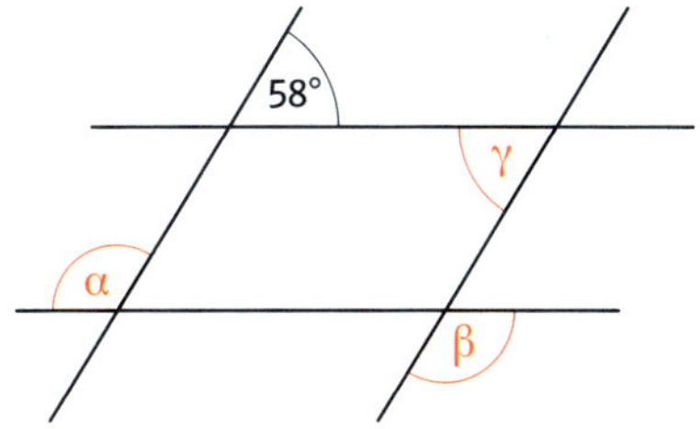

c)

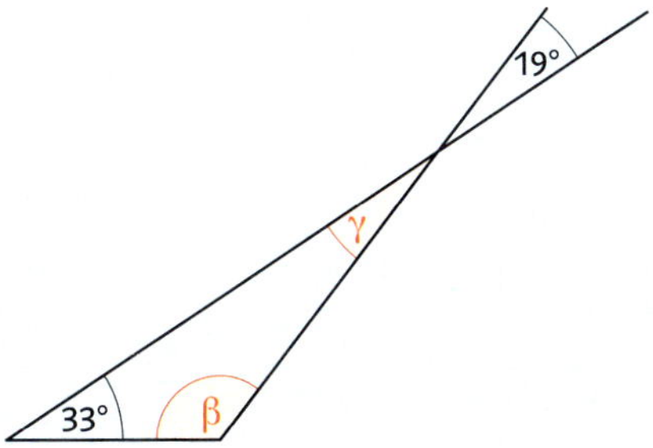

d)

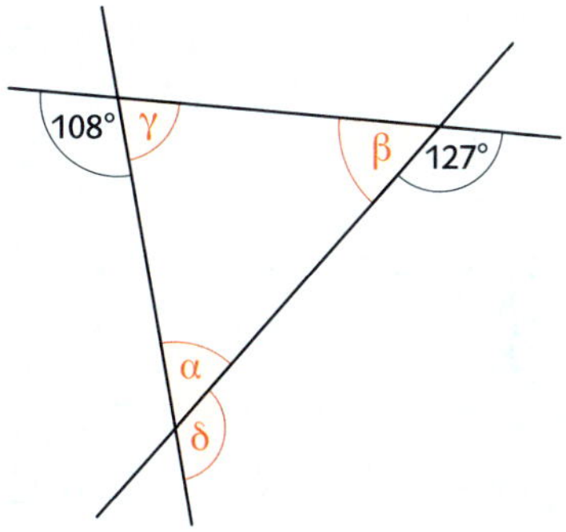

e)

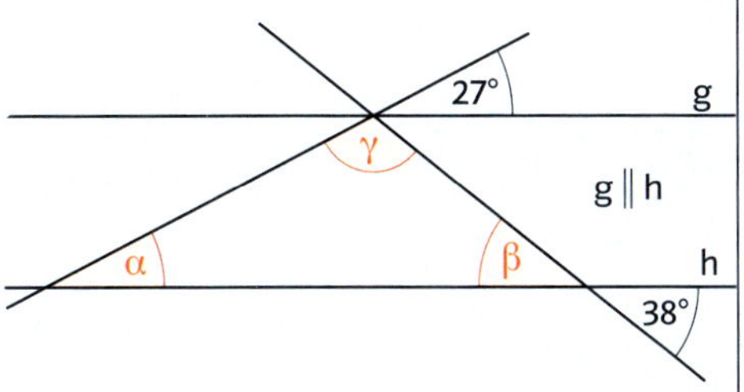

f)

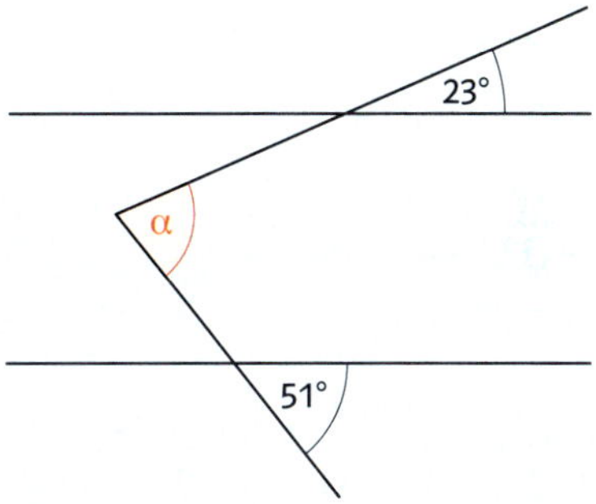

8 Innenwinkelsatz in Dreiecken ___/4

a) Zeichne ein, wo die Winkel α und β in der Grafik noch auftauchen.

b) Warum ergibt sich damit der Innenwinkelsatz in Dreiecken?

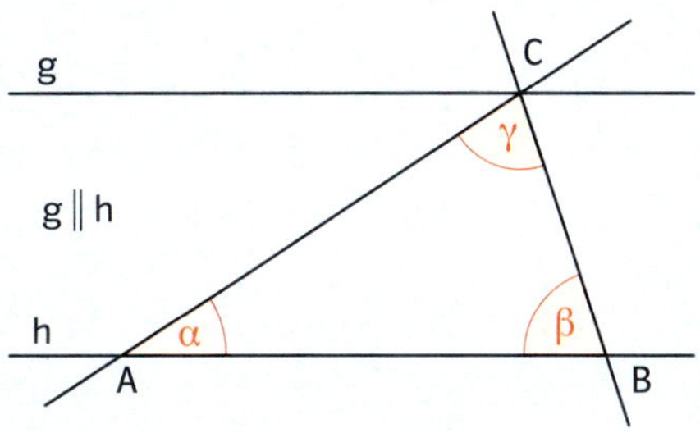

Gesamtpunktzahl ____/34

7 Flächen und Umfang

Wer sein Haus renovieren will, sollte nicht nur handwerklich geschickt sein, er sollte sich auch mit der Berechnung von Flächen auskennen. Denn ob man die Außenfassade eines Hauses mit Wärmedämmplatten versehen will, neue Teppiche verlegen oder die Zimmer neu streichen möchte – immer hat man es mit Flächen und Längen zu tun, von deren Größe natürlich das benötigte Material abhängt. Wie geht man bei solchen Berechnungen vor?

7.1 Quadrat und Rechteck

Regel

Der **Flächeninhalt A eines Quadrats** mit der Seitenlänge a wird mit der Formel $A = a \cdot a$ berechnet.
Für den **Umfang u des Quadrats** gilt: $u = 4 \cdot a$.

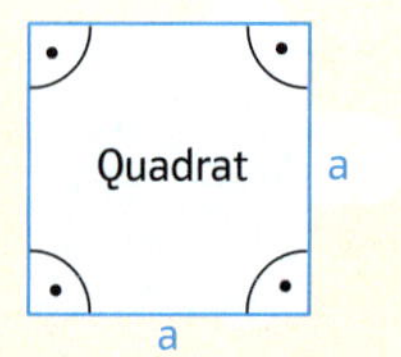

Der **Flächeninhalt A eines Rechtecks** mit der Länge a und der Breite b wird mit der Formel $A = a \cdot b$ berechnet.
Für den **Umfang u des Rechtecks** gilt: $u = 2 \cdot a + 2 \cdot b$.

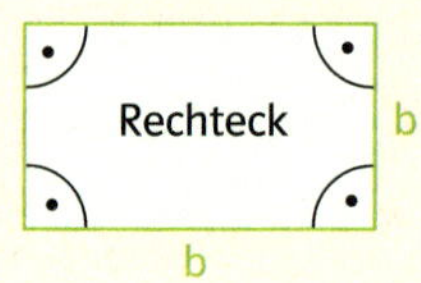

Beachte: Bei der Berechnung einer Fläche oder eines Umfangs müssen alle Seitenlängen die gleiche Einheit haben!

1 Berechne den Flächeninhalt und den Umfang des Rechtecks bzw. Quadrats. Entnimm die benötigten Längen der Zeichnung. Überprüfe dein Ergebnis, indem du die Kästchen zählst. 4 Kästchen entsprechen 1 cm^2.

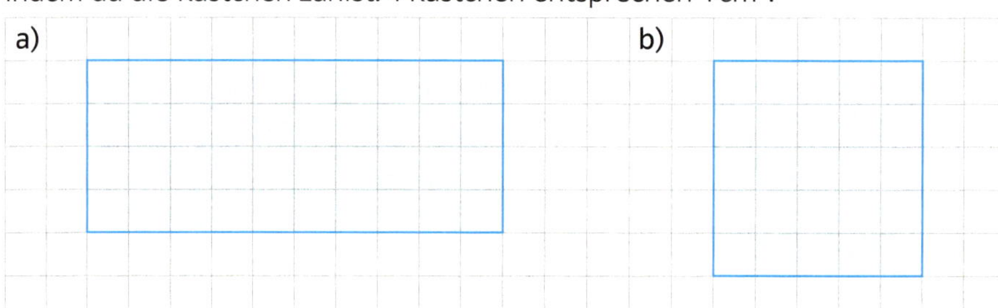

a) ______________________________

b) ______________________________

2 Berechne Flächeninhalt und Umfang der abgebildeten Figuren.

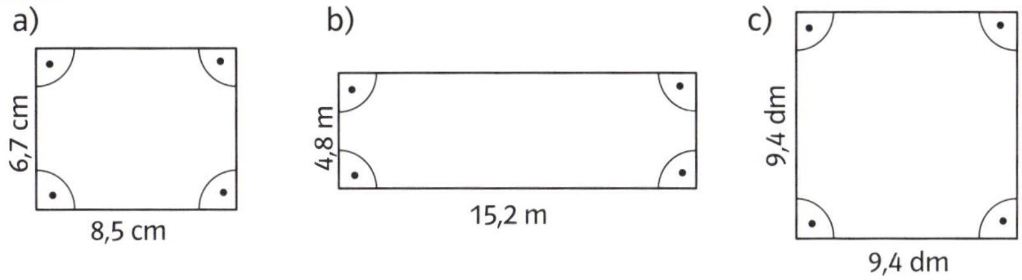

3 Landwirt Weidemann möchte eine Wiese, die 32,50 m breit und 45,70 m lang ist, einzäunen und seine Kühe darauf weiden lassen.

a) Wie viel Geld muss er für den Zaun ausgeben, wenn 1 m Zaun 12,50 € kostet?

b) Wie viele Kühe kann er auf die Wiese lassen, wenn eine Kuh mindestens 200 m^2 Fläche benötigt?

4 Herbert möchte eine Wand seines Hauses neu anstreichen (siehe Abb.).

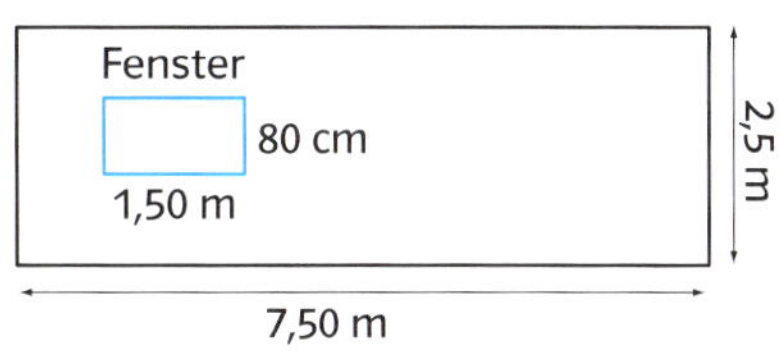

a) Wie viele Eimer Farbe braucht er, wenn 1 Eimer für 4 m^2 Fläche reicht?

b) Wie viel kostet der Anstrich, wenn 1 Eimer Farbe 15,60 € kostet?

Tipp Der Umfang eines beliebigen Vielecks ist immer die Summe aller seiner Seitenlängen. Man kann sich das leicht merken, wenn man „in Gedanken" einmal um die Figur herumläuft.

7.2 Dreiecke

Regel

Der **Flächeninhalt A eines beliebigen Dreiecks** wird mit der Formel $A = \frac{1}{2} \cdot g \cdot h$ berechnet (mit der Grundseite g und der Höhe h) bzw. mithilfe einer Seite und der zugehörenden Höhe:
$A = \frac{1}{2} a \cdot h_a$ oder $A = \frac{1}{2} b \cdot h_b$ oder $A = \frac{1}{2} c \cdot h_c$
Den **Flächeninhalt eines rechtwinkligen Dreiecks** kann man auch mit der Formel $A = \frac{1}{2} \cdot a \cdot b$ berechnen (mit den rechtwinkligen Seiten a und b).
Für den **Umfang u jedes Dreiecks** gilt: $u = a + b + c$.

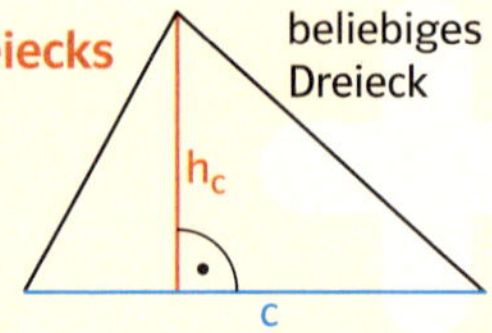

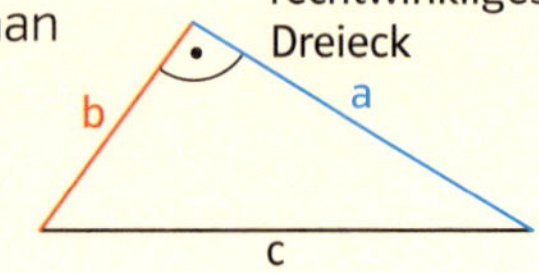

Um die **Höhe eines Dreiecks** zu zeichnen, muss man das Geodreieck rechtwinklig zur Grundseite anlegen. Gleichzeitig muss die Kante auf derjenigen Ecke des Dreiecks liegen, die der Grundseite gegenüberliegt. Bei stumpfwinkligen Dreiecken muss man dazu die Grundseite verlängern.

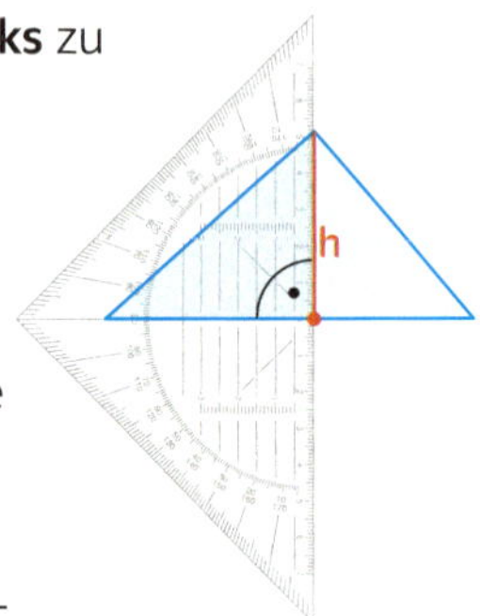

spitzwinkliges Dreieck

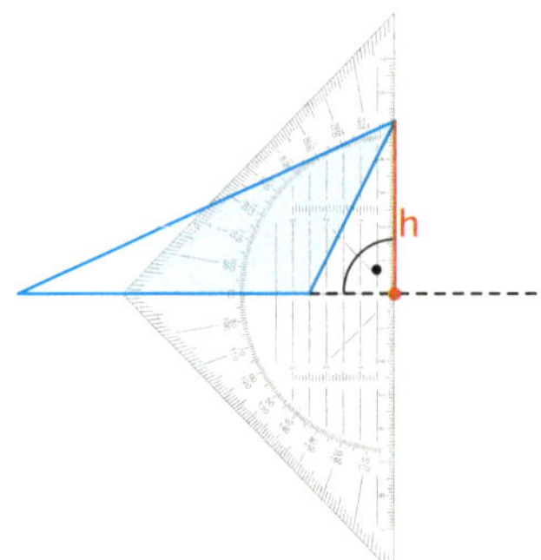

stumpfwinkliges Dreieck

5 Berechne den Flächeninhalt der Dreiecke. Entnimm die benötigten Längen der Zeichnung. Überprüfe dein Ergebnis, indem du die Kästchen zählst. Fasse dabei geeignete Bruchteile zu ganzen Kästchen zusammen. Beachte: Bei stumpfwinkligen Dreiecken kann eine Höhe auch außerhalb des Dreiecks liegen.

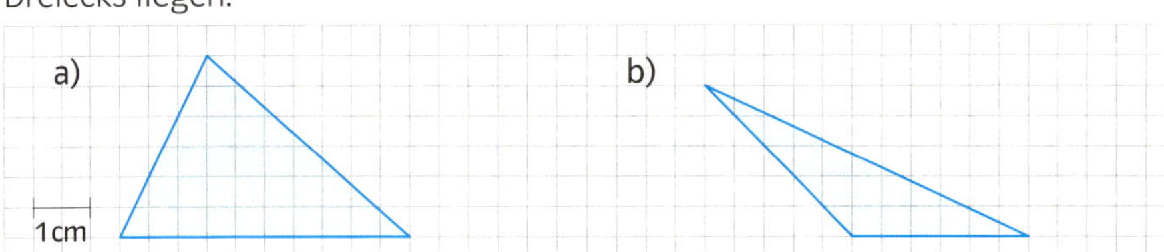

6 Berechne Flächeninhalt und Umfang der Dreiecke.

a)

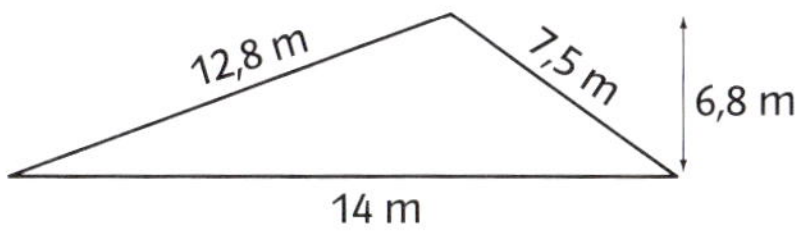

b)

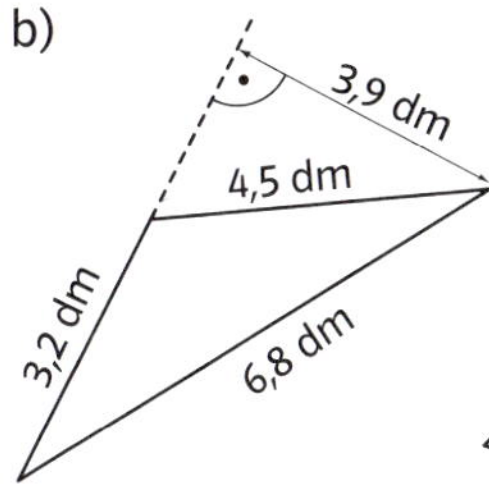

c)

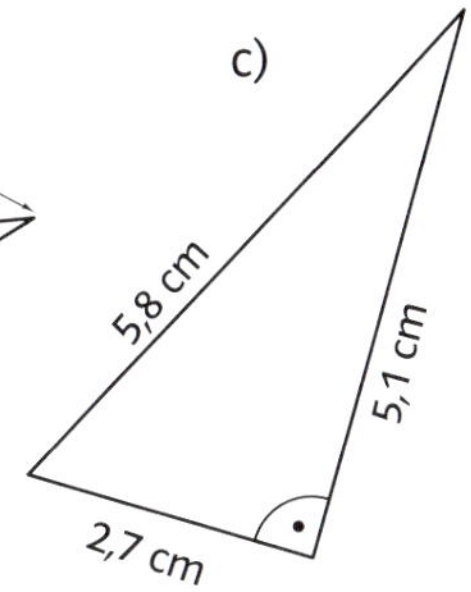

7 Berechne die Fläche des roten Dreiecks und des blauen Rechtecks.

a) Was fällt auf?

b) Begründe die Beobachtung mithilfe der Grafik.

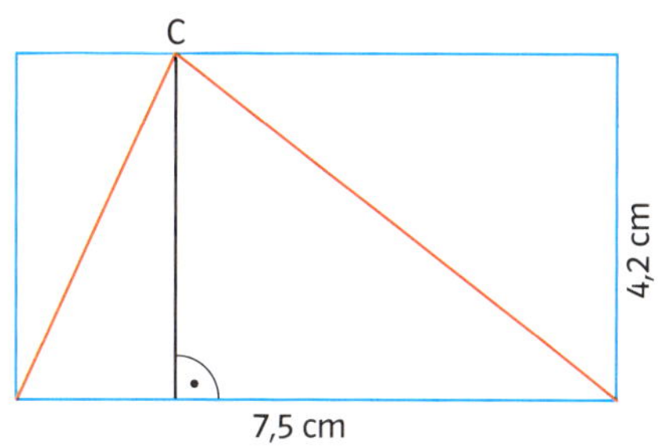

8 Das Dach eines Turms mit quadratischer Grundfläche soll mit neuen Dachziegeln gedeckt werden.
Wie hoch sind die Materialkosten, wenn ein Quadratmeter 27,50 € kostet?

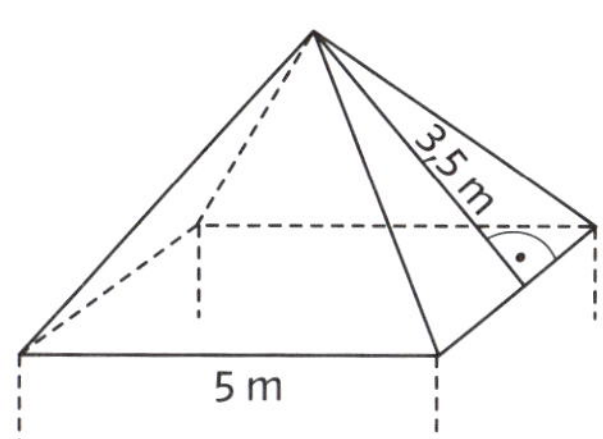

7.3 Parallelogramme

Regel

Der **Flächeninhalt A eines Parallelogramms** wird mit der Formel $A = a \cdot h$ berechnet (mit der Grundseite a und der Höhe h). Beachte, dass man jede der zwei Seiten als Grundseite betrachten kann.

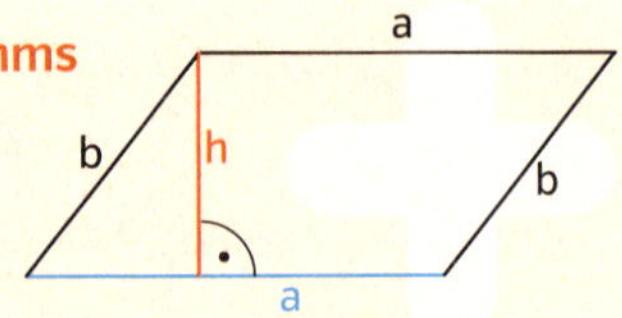

Die Höhe h steht immer senkrecht auf der entsprechenden Grundseite g.

Für den **Umfang u eines Parallelogramms** gilt: $u = 2 \cdot a + 2 \cdot b$.

9 Berechne Flächeninhalt und Umfang der Parallelogramme.

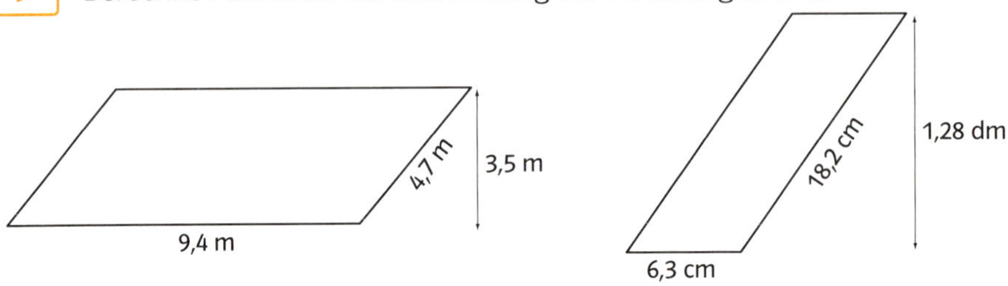

10 Berechne den Flächeninhalt des Parallelogramms und des Rechtecks. Was fällt auf? Begründe das Ergebnis mithilfe der Zeichnung.

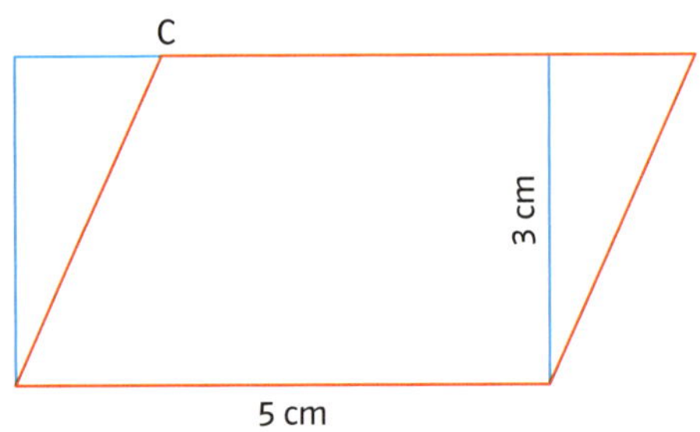

11 Durch einen rechteckigen Acker soll eine 10 m breite Straße gebaut werden. Erstelle eine Skizze mit dem Maßstab 10 m ≙ 1 cm, und miss die benötigten Strecken. Wie viele Quadratmeter gehen dem Landwirt verloren?

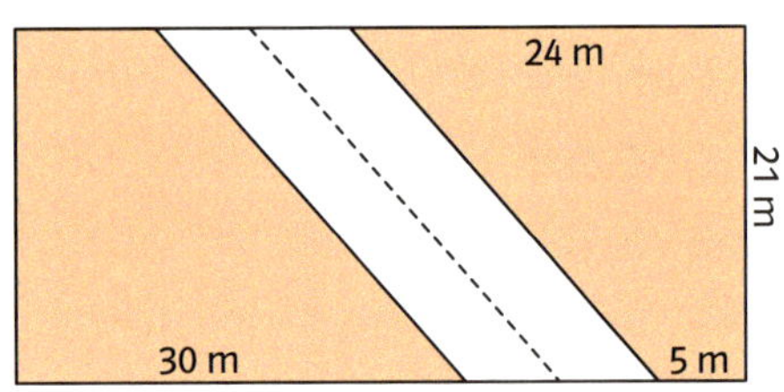

7.4 Trapeze

Regel

Der **Flächeninhalt A** eines **Trapezes** wird mit der Formel $A = \frac{1}{2} \cdot (a + c) \cdot h$ berechnet (mit der Grundseite a, der Oberseite c und der Höhe h).
Für den **Umfang u** eines Trapezes gilt: $u = a + b + c + d$.

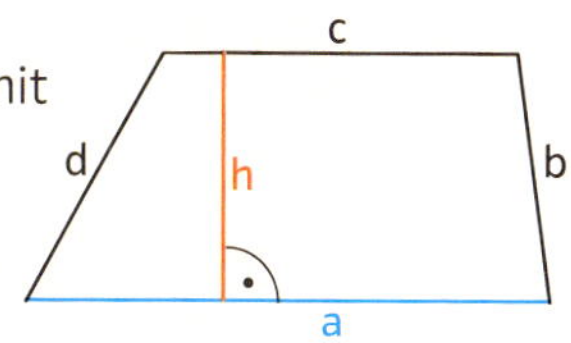

12 Berechne den Flächeninhalt der Trapeze. Entnimm die benötigten Längen der Zeichnung. Überprüfe dein Ergebnis, indem du die Kästchen zählst. Fasse dabei geeignete Bruchteile zu ganzen Kästchen zusammen.

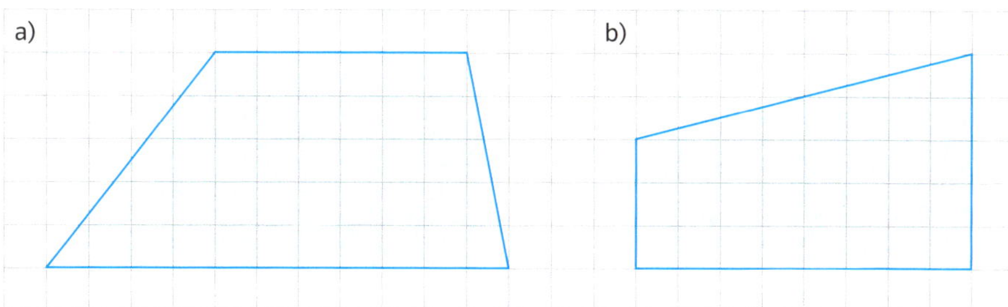

13 Berechne Flächeninhalt und Umfang der abgebildeten Trapeze im Heft.

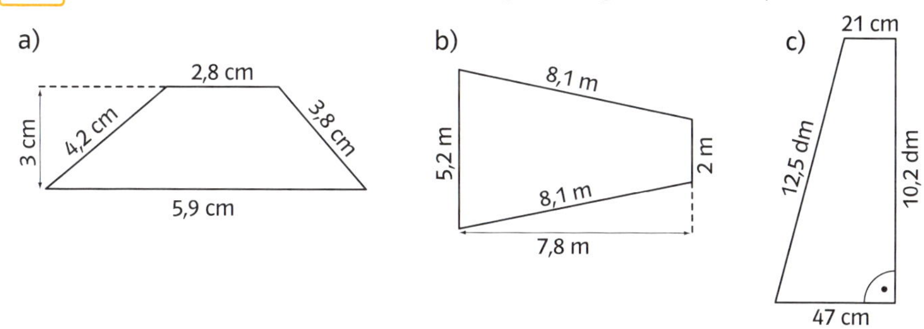

14 Zum Schutz vor der Flut wurden an der Nordseeküste Deiche gebaut. Die Abbildung zeigt den Querschnitt eines solchen Deiches. Wie groß ist die Querschnittsfläche?

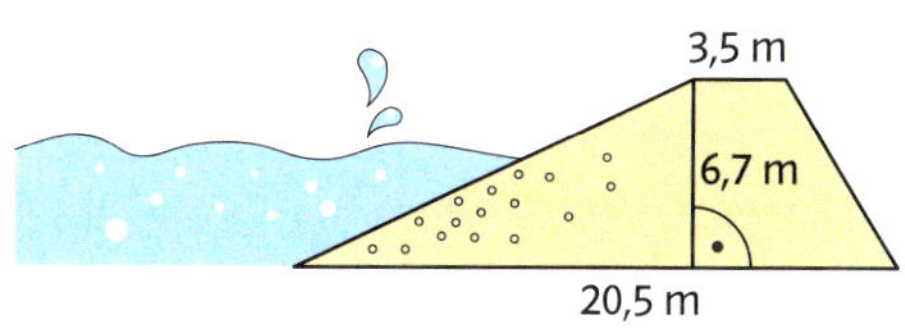

7.5 Drachen und Raute

Regel

Der **Flächeninhalt A eines Drachens** wird mit der Formel $A = \frac{1}{2} \cdot e \cdot f$ berechnet (mit den Diagonalen e und f). Für den **Umfang eines Drachens** gilt: $u = 2 \cdot a + 2 \cdot b$.
Eine **Raute** ist ein Drachen, in dem alle 4 Seiten gleich lang sind. Für den Umfang einer Raute gilt: $u = 4 \cdot a$.
Die **Diagonalen** e und f stehen immer senkrecht aufeinander.

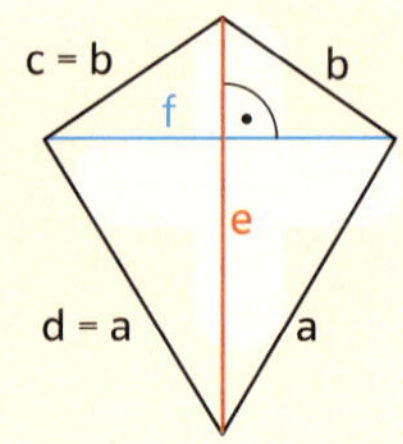

15 Berechne die Fläche und den Umfang der Drachen im Heft.

a)

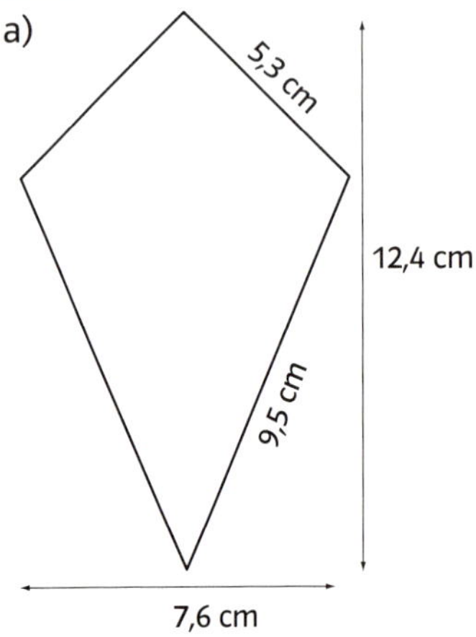

b)

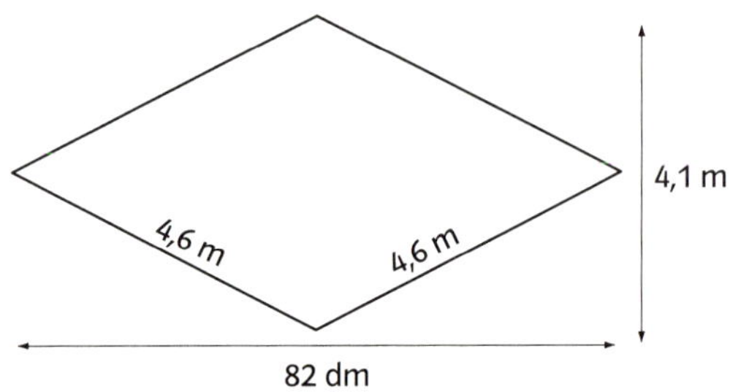

c)

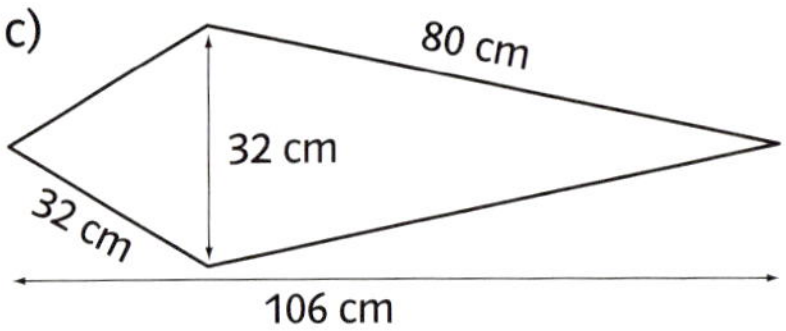

16 Paul und Martin möchten Drachen steigen lassen. Paul sagt: „Mein Drachen ist viel größer, weil er 70 cm hoch ist und deiner nur 62 cm."
Hat Paul recht, wenn sein Drachen 38 cm breit und Martins Drachen 45 cm breit ist?

7.6 Vielecke

Regel

Ein **regelmäßiges Vieleck** besteht aus gleichschenkligen Teildreiecken, die denselben Flächeninhalt haben. Zur Berechnung des gesamten Flächeninhalts braucht man nur den Flächeninhalt eines dieser Teildreiecke mit der Zahl der Ecken multiplizieren.

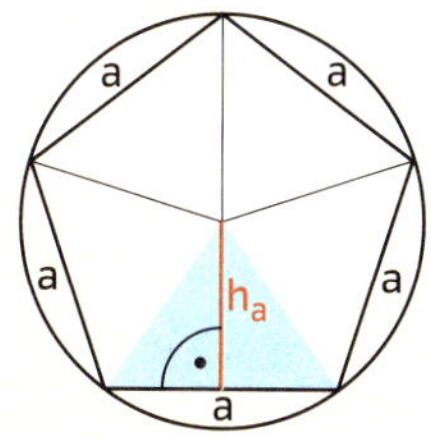

Den Flächeninhalt von **unregelmäßigen Vielecken** berechnet man, indem man das Vieleck unterteilt und anschließend alle Teilflächen addiert. Es gilt: $A_{gesamt} = A_1 + A_2 + A_3 + \ldots$

Man kann ein Vieleck in der Regel auf mehrere Arten unterteilen, z. B.:

1. Möglichkeit: Man zeichnet die längste Diagonale ein. Das ist die sogenannte Standlinie. Dann trägt man von den Ecken aus senkrechte Strecken auf die Standlinie ein. Auf diese Weise wird das Vieleck in rechtwinklige Dreiecke und Trapeze unterteilt.

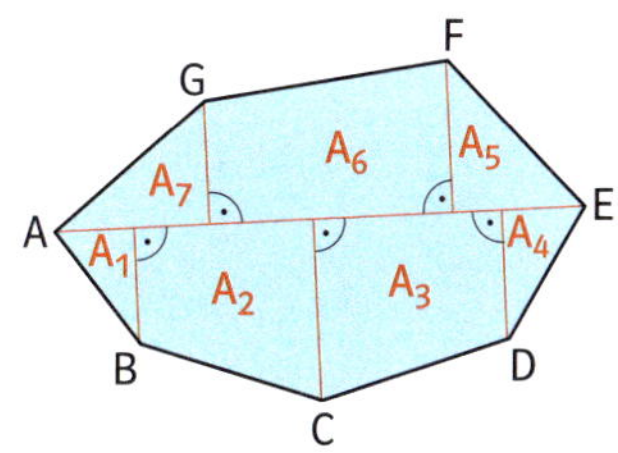

2. Möglichkeit: Man wählt eine Ecke aus und unterteilt von dort aus das Vieleck in Dreiecke, deren Höhen man dann aber noch einzeichnen und messen muss.

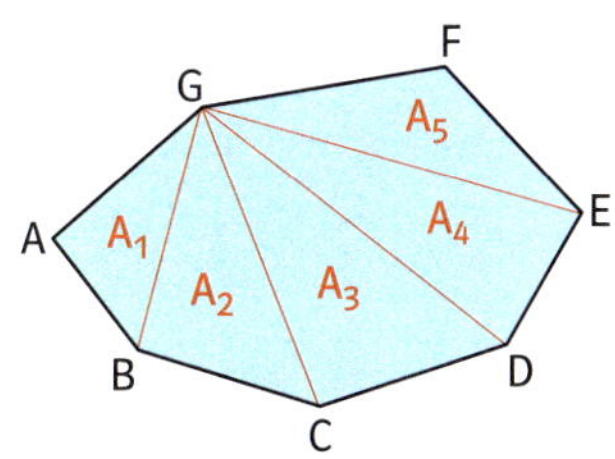

17 Unterteile das regelmäßige Sechseck in gleichschenklige Teildreiecke, miss die benötigten Strecken und bestimme den Flächeninhalt.

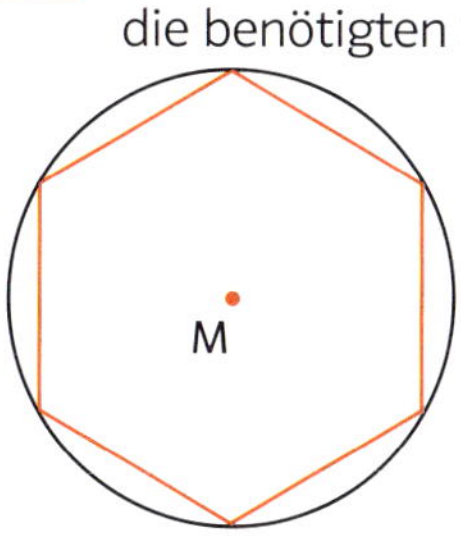

18 Zeichne das Vieleck A (1 | 4); B (3 | 1); C (7 | 0); D (9 | 4); E (6 | 6); F (3 | 6) im Heft in ein Achsenkreuz (x-Achse von 0 bis 10, y-Achse von 0 bis 6).
Zerlege es in rechtwinklige Dreiecke und Trapeze und bestimme den Flächeninhalt.

7.7 Kreis

Regel

Der **Flächeninhalt** A eines Kreises wird mit der Formel $A = \pi \cdot r^2$ berechnet (mit der Zahl $\pi \approx 3,14$ – sprich „pi" – und dem Radius r).
Für den **Kreisumfang** u gilt: $u = 2 \cdot \pi \cdot r$.
Zur Erinnerung: Der Radius r ist die Strecke vom Mittelpunkt M zum Kreisbogen. Der doppelte Radius ist der Durchmesser: $d = 2 \cdot r$

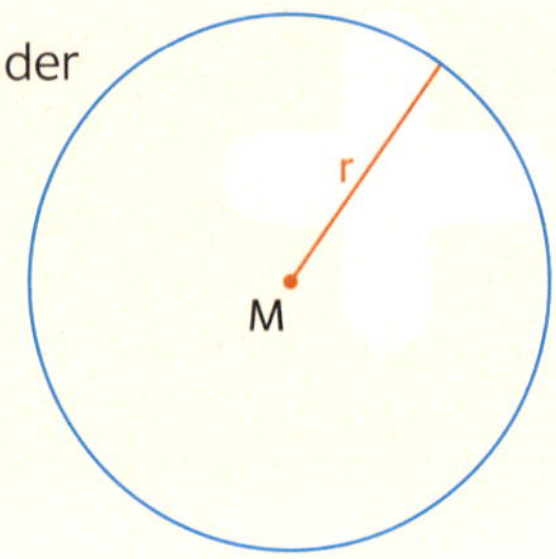

19 Zeichne einen Kreis mit Radius $r = 2\,cm$ und berechne den Flächeninhalt (mit $\pi \approx 3,14$). Überprüfe dein Ergebnis, indem du die Kästchen zählst.

20 Berechne den Flächeninhalt und den Umfang des Kreises (mit $\pi \approx 3,14$).
a) $r = 5\,cm$ b) $r = 8,5\,m$ c) $d = 16\,cm$ d) $d = 36\,mm$

21 Berechne im Heft den Flächeninhalt und den Umfang der abgebildeten Figuren. Zeichne zuerst den Radius ein.

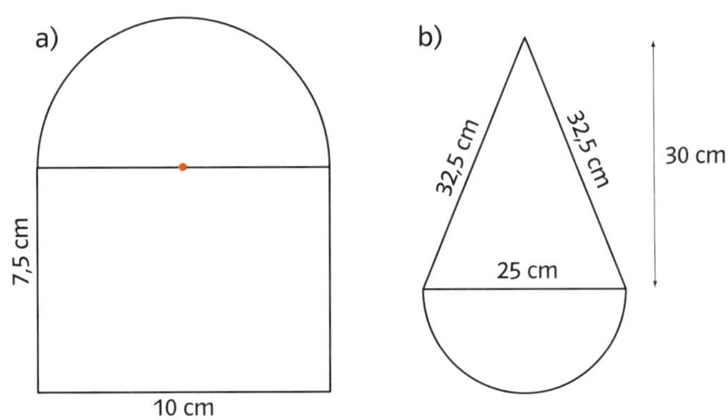

22 Susi legt sich beim Abendessen eine Scheibe Schweizer Käse aufs Brot. „Der Käse besteht ja zur Hälfte aus Löchern", protestiert sie. Hat Susi recht? Rechne im Heft. Die Zahlen in den Löchern geben jeweils den Durchmesser an.

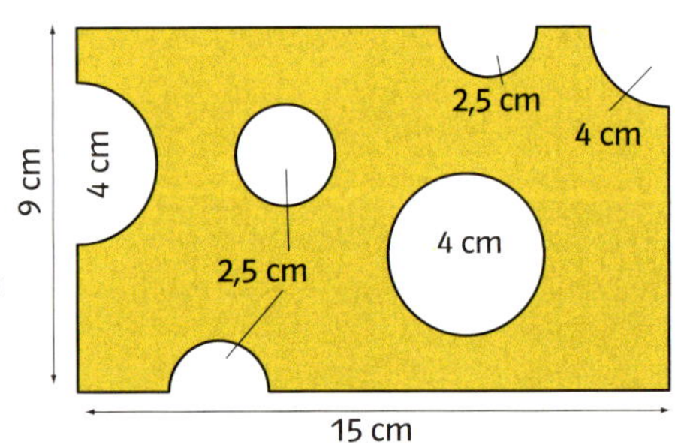

66 Mit welchen Formeln berechnet man den Flächeninhalt eines Quadrats bzw. eines Rechtecks? ______

67 Mit welcher Formel berechnet man den Flächeninhalt eines beliebigen Dreiecks? ______

68 Welche Besonderheit gibt es bei der Flächenberechnung rechtwinkliger Dreiecke?

______

69 Was muss man beachten, wenn man die Höhe auf eine der kürzeren Seiten eines stumpfwinkligen Dreiecks zeichnen will?

______

70 Nenne die Formel für den Flächeninhalt eines Parallelogramms. ______

71 Nenne die Formel für den Flächeninhalt eines Trapezes. ______

72 Mit welcher Formel berechnet man den Flächeninhalt eines Drachens?

______

73 Wie sollte man ein regelmäßiges Vieleck unterteilen, um dessen Fläche geschickt berechnen zu können?

______

74 Mit welchen zwei Möglichkeiten kann man ein unregelmäßiges Vieleck zur Flächenberechnung unterteilen?

______

______

75 Wie kann man den Umfang von jedem beliebigen Vieleck berechnen?

______

76 Mit welchen Formeln berechnet man Flächeninhalt und Umfang eines Kreises? ______

__/8 **1** Die Zeichnung zeigt den Grundriss einer Wohnung.

a) Wie viel Miete kostet die Wohnung, wenn der Vermieter für 1 m^2 Fläche 7,25 € verlangt?

b) Wie viel m^2 Teppich braucht man, wenn der alte Teppich erneuert werden soll? In Küche und Bad sollen Fliesen gelegt werden.

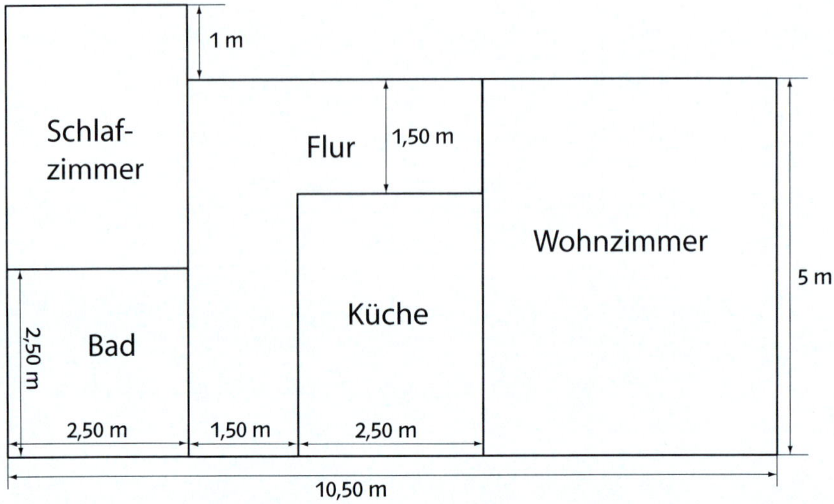

__/6 **2** Berechne den Flächeninhalt.

a)

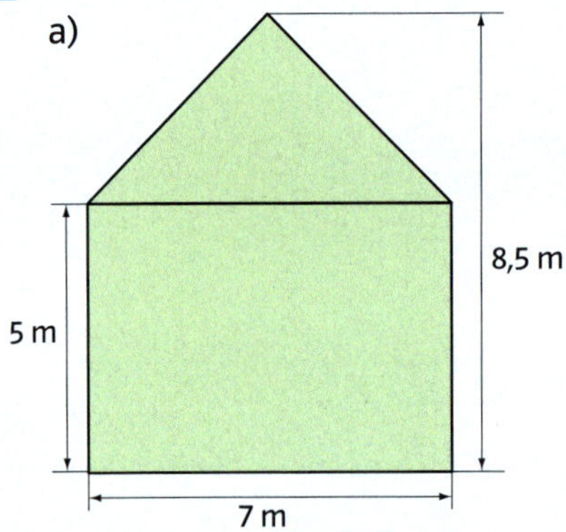

b)

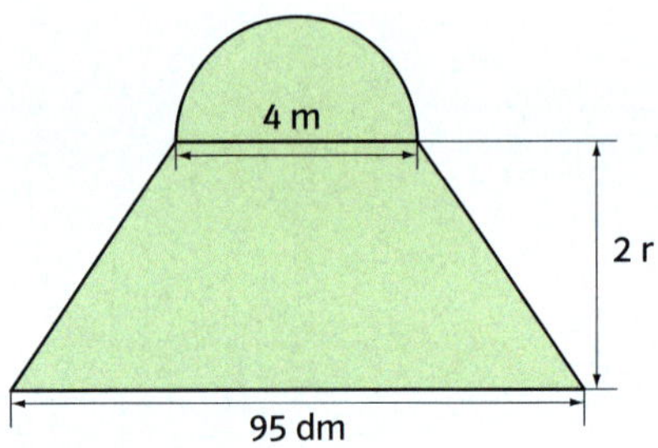

c)

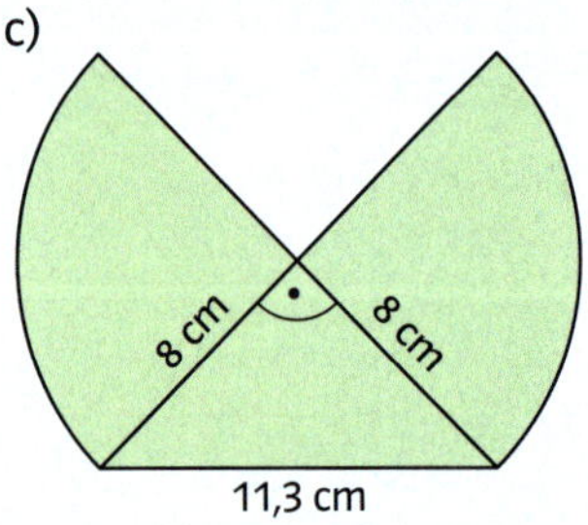

3 Zeichne das Vieleck, zerlege es in Teilflächen und bestimme den Flächeninhalt. Miss die benötigten Längen. A(−2 | 1); B(0 | −1,5); C(2,5 | −1,5); D(5 | 0); E(5 | 2,5); F(2,5 | 4) ___/6

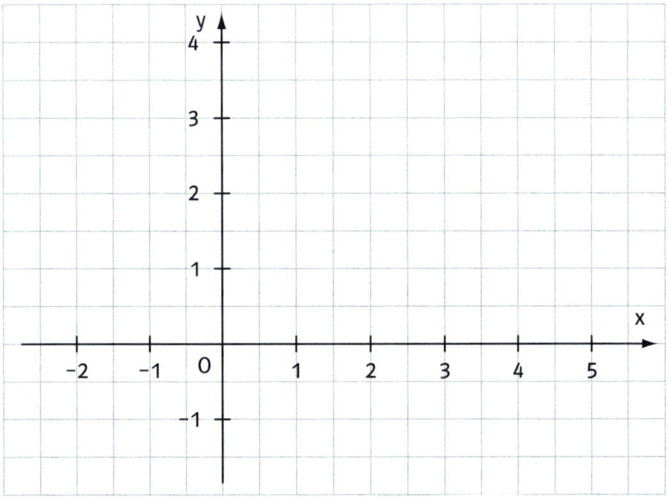

4 Unterteile das regelmäßige Vieleck in gleichschenklige Teildreiecke, miss die benötigten Strecken und bestimme den Flächeninhalt. ___/2

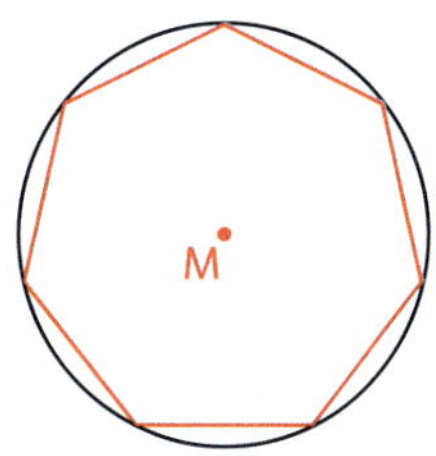

5 Berechne den Flächeninhalt und den Umfang der markierten Fläche im Heft. ___/6

a) b) c)

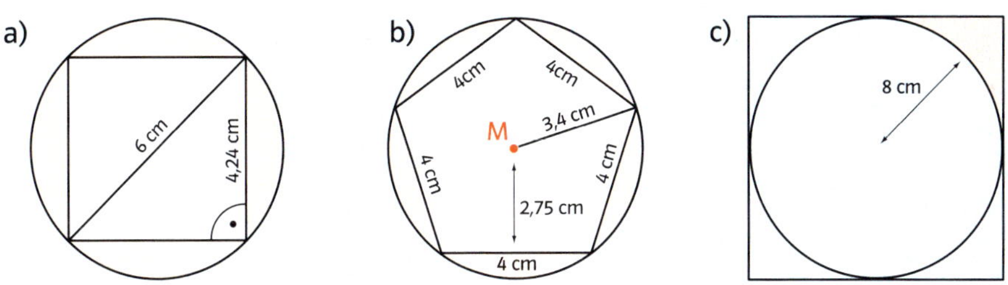

Gesamtpunktzahl ___/28

8 Abbildungen in der Ebene

In der Geometrie gibt es verschiedene Arten, wie ein Punkt oder eine Figur in der Ebene ihre Lage verändern können. Wenn die Vorschrift, mit der eine solche Lageänderung beschrieben wird, eindeutig und unmissverständlich ist, spricht man von einer Abbildung.

8.1 Verschiebungen

Regel

Bei einer **Verschiebung** wird jeder Urpunkt P in die gleiche Richtung und um die gleiche Strecke auf seinen Bildpunkt P′ verschoben. Eine Verschiebung kennzeichnet man durch einen **Verschiebungspfeil**, der vom Urpunkt P zum Bildpunkt P′ zeigt.

Beispiel 1: Um das Dreieck ABC in Richtung des Verschiebungspfeils zu verschieben, zeichnet man von jeder Ecke aus einen Verschiebungspfeil. Man erhält das Bilddreieck A′B′C′. Einen Bildpunkt kennzeichnet man, indem man an den Buchstaben des Urbildpunktes einen Strich anfügt.

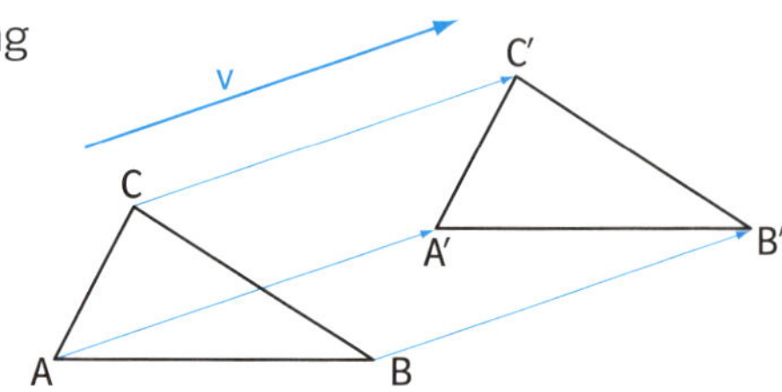

Beachte: Alle Verschiebungspfeile sind parallel zueinander und gleich lang.

1 Bilde die Figuren mit einer Verschiebung ab. Verschiebe Figur b mehrmals.

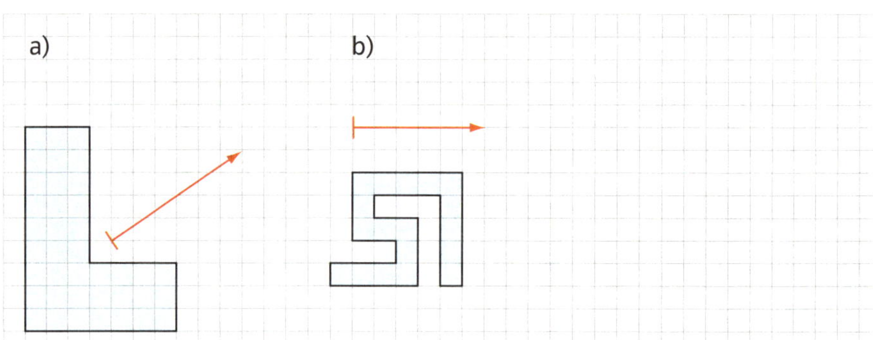

2 Gegeben sind die Punkte A(−2 | 1), B(2 | 0), C(−1 | 3) und A′(3 | 2). Trage die Punkte in ein Achsenkreuz ein und konstruiere mit einer Verschiebung die Bildpunkte B′, C′. Welche Koordinaten haben B′ und C′? Zeichne im Heft.

8.2 Drehungen

Regel

Bei einer **Drehung** wird jeder Urpunkt P um ein Drehzentrum Z mit einem vorgegebenen Winkel α entgegen dem Uhrzeigersinn gedreht. Es gilt: $\overline{ZP} = \overline{ZP'}$. Das Drehzentrum Z verändert bei einer Drehung seine Lage nicht und ist ein sogenannter **Fixpunkt**.

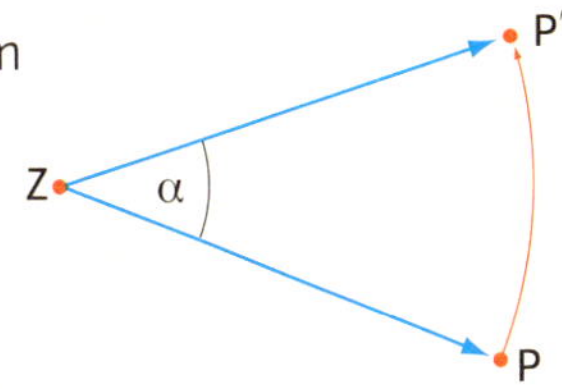

Beispiel 2: Der Punkt A soll um das Zentrum Z mit dem Winkel $\alpha = 50°$ gedreht werden.

① Verbinde den Punkt A mit Z.

② Zeichne an ZA von Z aus eine Halbgerade unter dem Winkel 50°.

③ Ziehe einen Kreis um Z mit dem Radius $r = \overline{ZA}$.

④ Dort, wo der Kreis die Halbgerade schneidet, liegt der Bildpunkt A'.

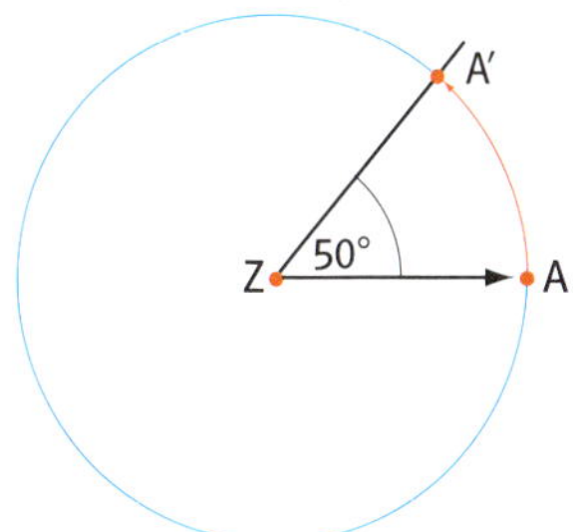

Tipp

Wenn von einer Drehung zwei Punktepaare (A; A') und (B; B') bekannt sind, erhält man das Drehzentrum Z, indem man die beiden **Mittelsenkrechten** zu den Strecken $\overline{AA'}$ und $\overline{BB'}$ miteinander schneidet.

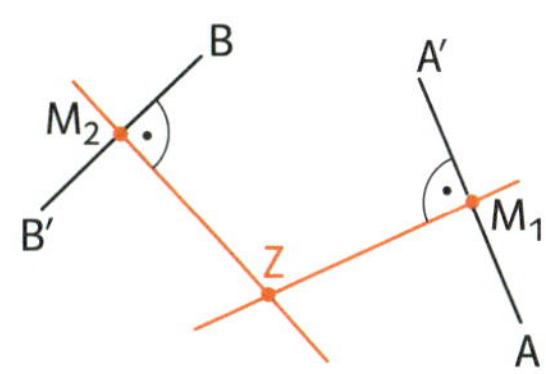

3 Drehe die Figuren jeweils mit dem angegebenen Winkel α um Z. Führe die Drehung bei Figur c) dreimal hintereinander durch.

a) $\alpha = 120°$

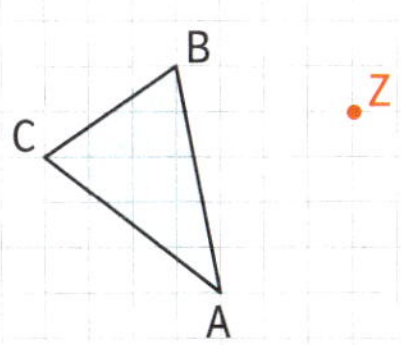

b) $\alpha = 70°$

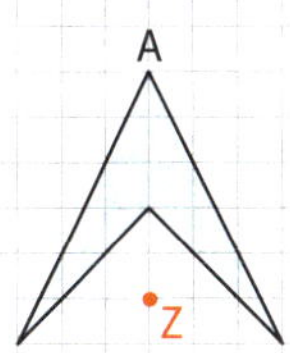

c) $\alpha = 90°$

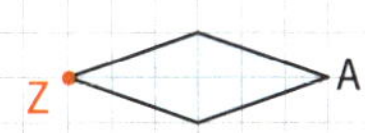

4 Gib das Drehzentrum und den Drehwinkel der Figuren an und konstruiere die fehlenden Bildpunkte.

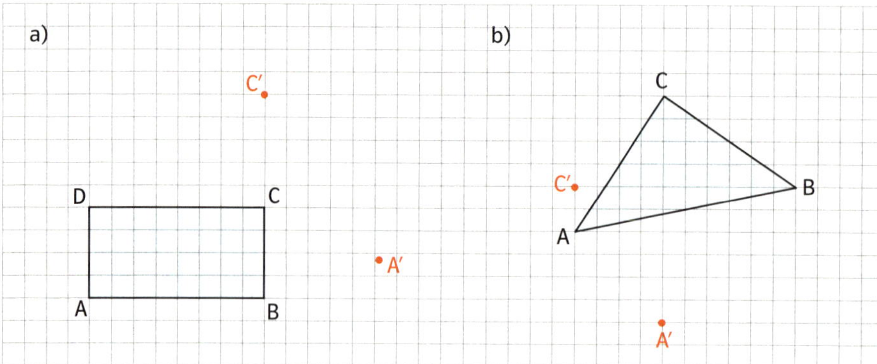

8.3 Punktspiegelungen

Regel Bei einer **Punktspiegelung** an einem festen Zentrum Z erhält man den Bildpunkt P′ eines Urpunkts P, indem man eine Gerade durch die Punkte P und Z zeichnet und die Strecke $\overline{PZ}$ auf der anderen Seite von Z (mit Geodreieck oder Zirkel) abträgt.

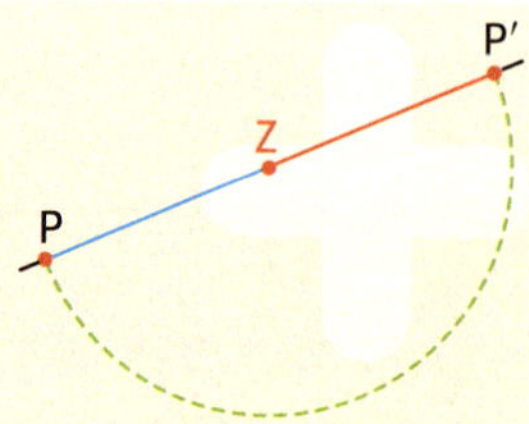

Das Zentrum Z liegt somit immer genau in der Mitte zwischen P und P′. Weil der Punkt Z bei einer Punktspiegelung seine Lage nicht verändert, ist er ein **Fixpunkt**.

Beispiel 3: Das Dreieck ABC wird am Zentrum Z gespiegelt.
① Zeichne eine Gerade durch Z und A.
② Trage $\overline{AZ}$ auf der gegenüberliegenden Seite ab. Du erhältst so den Bildpunkt A′.
③ Verfahre genauso mit den Punkten B und C.

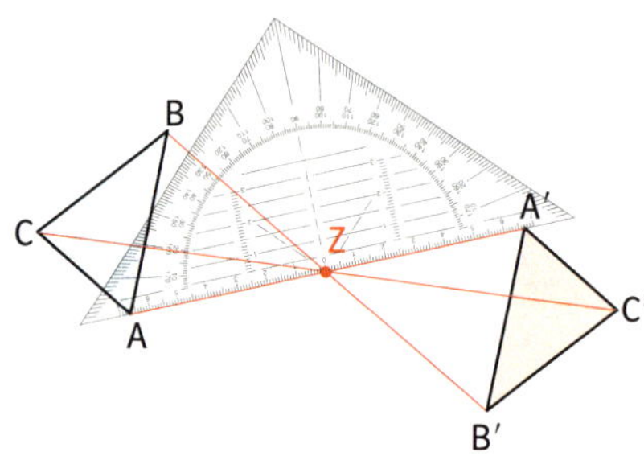

5 Konstruiere die Bildfigur bei einer Punktspiegelung an Z.

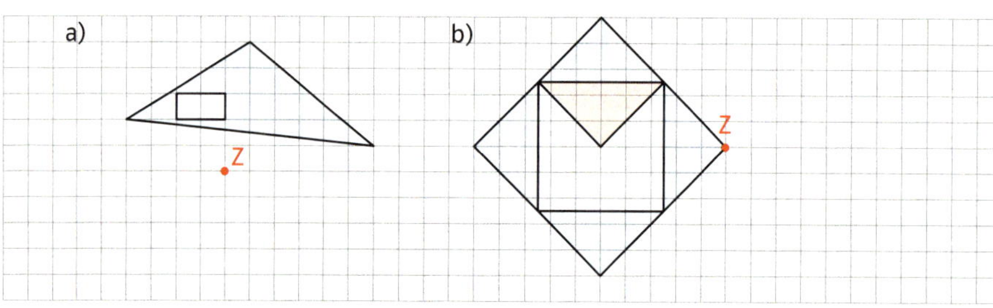

8.4 Achsenspiegelungen

Regel

Bei einer **Achsenspiegelung** an einer **Spiegelgeraden g** erhält man den Bildpunkt P′ eines Urpunkts P, indem man durch den Punkt P eine senkrechte Linie zur Geraden g zeichnet und den Abstand von P zu g z.B. mit dem Zirkel auf der anderen Seite von g abträgt. Die Spiegelgerade g halbiert die Strecke $\overline{PP'}$ und steht senkrecht dazu. Alle Punkte, die auf der Geraden g liegen, sind **Fixpunkte**, da sie bei einer Spiegelung ihre Lage nicht verändern.

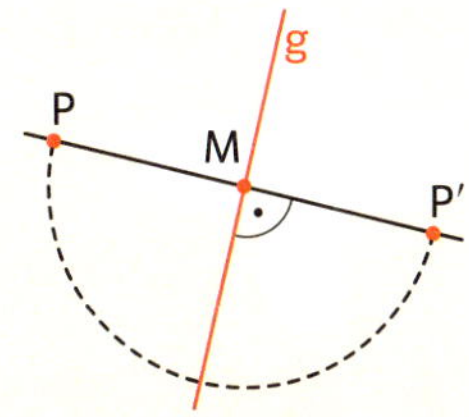

Beispiel 4: Das Dreieck ABC wird an der Geraden g gespiegelt.

① Zeichne eine Senkrechte zu g durch den Punkt A.

② Miss den Abstand von A zu g und trage ihn auf der gegenüberliegenden Seite ab. Du erhältst den Bildpunkt A′.

③ Verfahre genauso mit den Punkten B und C.

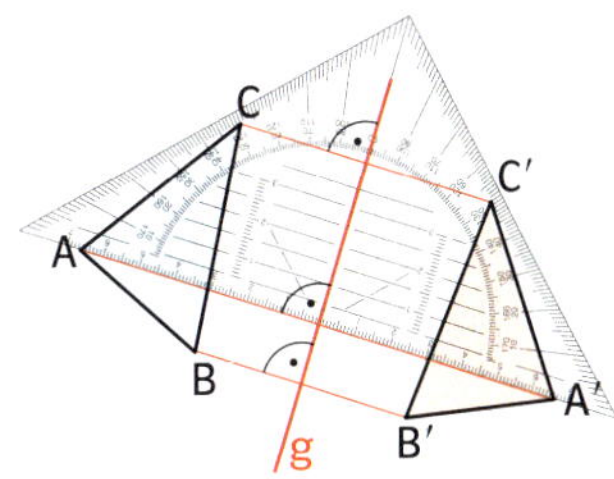

6 Spiegle die Figur an der eingezeichneten Spiegelachse.
Welche Punkte verändern ihre Lage nicht?

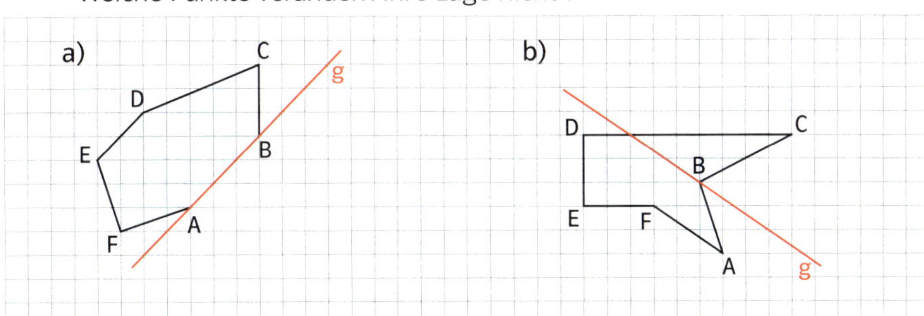

Tipp

Wenn von einer Achsenspiegelung ein Punktepaar (A; A′) bekannt ist, erhält man die Spiegelgerade, indem man die **Mittelsenkrechten** zur Strecke $\overline{AA'}$ zeichnet.

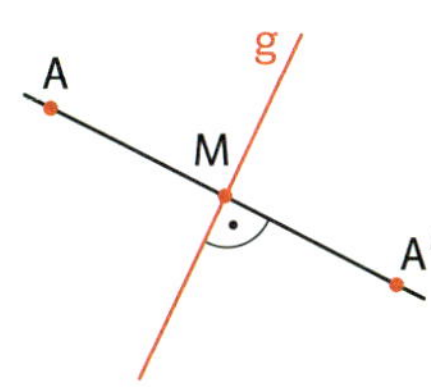

7 Konstruiere zuerst die Spiegelachse und dann die fehlenden Bildpunkte.

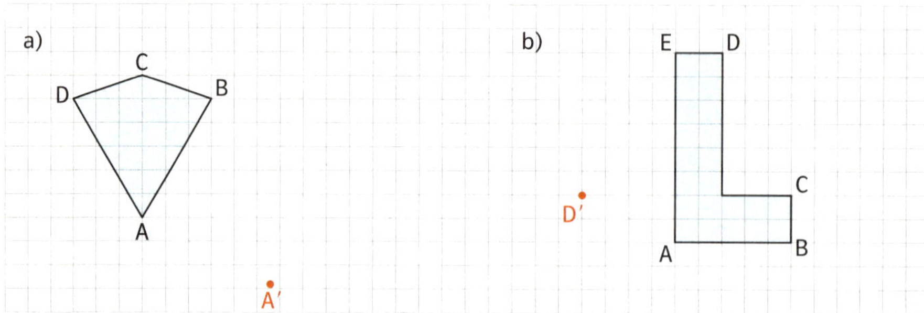

8.5 Verknüpfung von Abbildungen

Regel

Man kann auch mehrere Abbildungen $A_1, A_2, A_3, \dots$ nacheinander durchführen. Man beschreibt dies mit $A_1 \circ A_2 \circ A_3$ (sprich: A_1 nach A_2 nach A_3). Man muss in dieser Schreibweise *(von rechts nach links)* zuerst die Abbildung A_3, dann A_2 und schließlich A_1 durchführen.

Beispiel 5: Gegeben ist die Achsenspiegelung A an der Geraden g und die Verschiebung V mit dem eingezeichneten Verschiebungspfeil v. Das Dreieck ABC soll mit der Abbildung $V \circ A$ abgebildet werden.
① Zunächst muss das Dreieck ABC an der Geraden g gespiegelt werden. Man erhält das Dreieck A′B′C′.
② Anschließend führt man die Verschiebung durch und erhält das Dreieck A″B″C″.

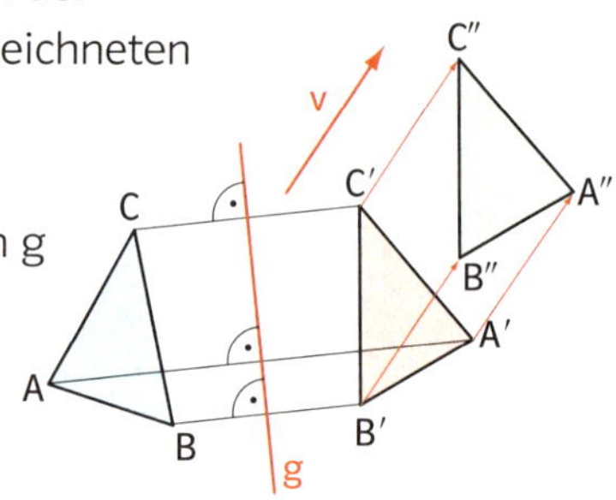

8 Gegeben ist die Drehung D um Z(2 | 1) mit $\alpha = 125°$ und die Achsenspiegelung A an der y-Achse. Bilde das Dreieck A(−2 | 4), B(−1 | 2), C(1 | 4) mit der Abbildung $A \circ D$ ab. Zeichne im Heft ein Koordinatensystem (x-Achse von −4 bis +4, y-Achse von −4 bis +4)

9 Gegeben sind die Achsenspiegelung A_x an der x-Achse und die Achsenspiegelung A_y an der y-Achse sowie die Punkte A(−3 | −2), B(−4 | −4) und C(−1 | −3). Zeichne im Heft ein Koordinatensystem (x-Achse von −4 bis +4 und y-Achse von −5 bis +5).

a) Bilde das Dreieck ABC mit der Abbildung $A_x \circ A_y$ ab.
b) Bilde das Dreieck ABC mit der Abbildung $A_y \circ A_x$ ab. Was fällt auf, wenn du mit Aufgabe a) vergleichst? Formuliere eine Regel im Heft.

c) Wie könnte man das Dreieck ABC direkt auf A″B″C″ abbilden? Formuliere eine Regel im Heft.

8.6 Symmetrien in Figuren

Regel

Eine Figur ist symmetrisch, wenn sie durch eine Punktspiegelung, Achsenspiegelung oder Drehung auf sich selbst abgebildet werden kann.
Je nach dem, welche Abbildung vorliegt, nennt man eine solche Figur **punktsymmetrisch**, **achsensymmetrisch** oder **drehsymmetrisch**.

Beispiel 6: Die Figur 1 ist achsensymmetrisch, da sie bei einer Spiegelung an der Geraden g auf sich selbst abgebildet wird.

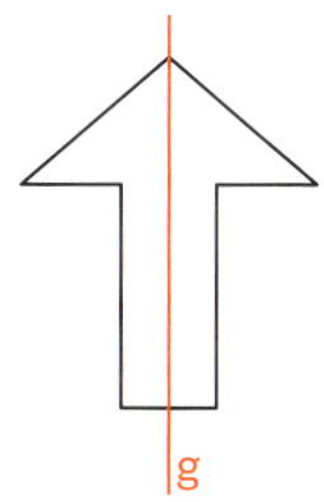

10 Zeichne die Figuren ins Heft und trage alle Symmetrieelemente ein (Spiegelachse, Spiegelzentrum, Drehzentrum).

(1) gleichseitiges Dreieck
(2) Rechteck
(3) Parallelogramm
(4) gleichschenkliges Trapez
(5) symmetrischer Drachen
(6) Quadrat
(7) Raute
(8) gleichschenkliges Dreieck
(9) Kreis

11 Trage jeweils alle Symmetrieelemente in die Markenzeichen deutscher Automobilhersteller ein.

77 Wie kennzeichnet man den Bildpunkt eines Urpunktes A? ______

78 Welche Eigenschaften haben die Verschiebungspfeile einer Verschiebung?

______

79 In welche Richtung wird bei einer Drehung immer gedreht?

______

80 Wie konstruiert man das Drehzentrum einer Drehung, wenn man zwei Punktepaare (A; A′) und (B; B′) kennt?

______

81 Wie konstruiert man das Zentrum einer Punktspiegelung, wenn man ein Punktepaar (A; A′) kennt?

______

82 Wie konstruiert man die Spiegelachse einer Achsenspiegelung, wenn man ein Punktepaar (A; A′) kennt?

______

83 Welche der beiden Abbildungen A und B muss man bei der verknüpften Abbildung $A \circ B$ zuerst durchführen?

______

84 Wann ist eine Figur achsensymmetrisch?

______

85 Wann ist eine Figur punktsymmetrisch?

______

86 Wann ist eine Figur drehsymmetrisch?

______

87 Wo liegen die Fixpunkte bei einer Achsenspiegelung?

______

1 Der Zeiger eines Navigationsgeräts (Figur 1) zeigt nach Osten. In welche Himmelsrichtung zeigt er, wenn er sich um 135° um Z dreht? In Figur 2 sind die Punkte A′ und B′ durch eine Drehung der Figur entstanden. Konstruiere die Lage des Drehzentrums Z und dann die Bildfigur. Wie groß ist der Drehwinkel? ___/2

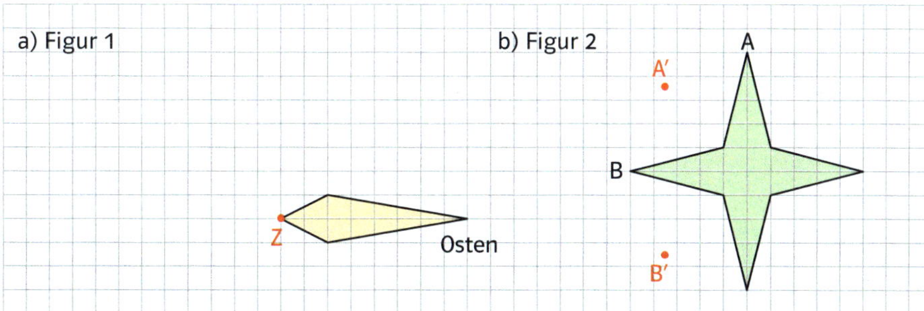

2 Bilde die Figur 1 mit einer Achsenspiegelung an der Geraden g ab. In Figur 2 ist der Punkt A′ durch eine Achsenspiegelung von A entstanden. Konstruiere die Spiegelachse g und die Bildfigur. ___/2

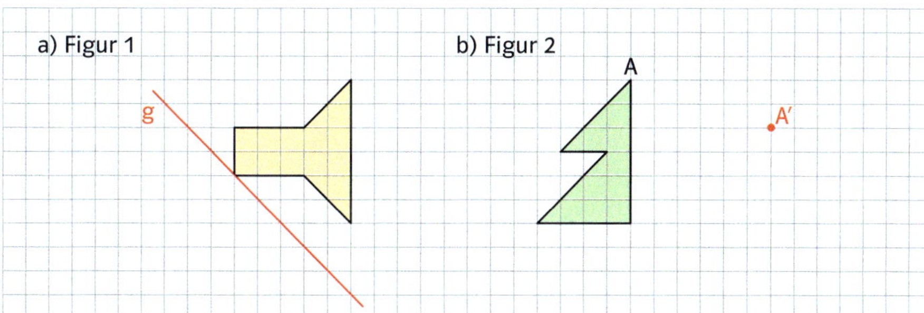

3 Gegeben sind die Drehung D um Z(1 | − 1) mit $\alpha = 60°$ und die Punktspiegelung S am Zentrum Z(1 | − 1). Bilde das Dreieck A(1 | 2), B(3 | 3), C(− 1 | 4) mit der Abbildung D ∘ S ab. Konstruiere im Heft. ___/2

4 Gegeben sind die Verschiebung V von P(0 | 0) nach P′(4 | 2) und die Spiegelung S am Punkt Z(3,5 | − 1,5). Bilde das Viereck ABCD mit A(− 2 | − 3), B(− 1 | 0), C(− 2 | 1) und D(− 3 | 0) mit der Abbildung S ∘ V ab. Konstruiere im Heft. ___/2

Gesamtpunktzahl ___/8

9 Berechnung von Zufallsexperimenten

Wer beim „Mensch-Ärgere-Dich-Nicht"-Spiel loslegen will, muss zuerst eine „6" würfeln. Der Reiz des Spiels besteht nicht zuletzt darin, dass man natürlich nie vorhersagen kann, welche Augenzahl fallen wird. Man hat es hier ganz offensichtlich mit dem Zufall zu tun.

9.1 Zufallsexperimente

Regel

Wenn man den Ausgang eines beliebig oft wiederholbaren Experiments nicht vorhersagen kann, spricht man von einem **Zufallsexperiment**. Alle möglichen Ausgänge oder **Elementarereignisse e_1, e_2, e_3**, ... eines Zufallsexperiments werden in einer **Ergebnismenge** $S = \{e_1, e_2, e_3, \ldots\}$ zusammengefasst.

Hinweis: Wenn man ein Zufallsexperiment zweimal nacheinander durchführt, kann man dies auch als ein einziges Zufallsexperiment betrachten. Es handelt sich dann um ein zweistufiges Zufallsexperiment. Die Elementarereignisse werden hier als geordnete Paare von Elementarereignissen beider Teilexperimente angegeben.

Beispiel 1: a) Das Werfen eines Würfels ist ein Zufallsexperiment, da man nie vorhersagen kann, welche Augenzahl fallen wird. Und selbstverständlich kann man denselben Würfel unter gleichbleibenden Bedingungen beliebig oft werfen. (Anm.: Mit einem Würfel aus Knetmasse wäre dies nicht möglich.) Die Ergebnismenge ist $S = \{1; 2; 3; 4; 5; 6\}$.

b) Wenn man einen Würfel zweimal hintereinander wirft und die Augenzahlen notiert, sind mögliche Elementarereignisse: (1; 1), (1; 2), (1; 3), (2; 1) .... Dabei bedeutet (1; 2), dass beim ersten Wurf die Augenzahl „1" und beim zweiten Wurf die Augenzahl „2" fällt.

1 Gib die Ergebnismenge an.

a) Eine Münze wird einmal geworfen. S = { ________ }

b) Eine Münze wird zweimal geworfen. S = { ______________________________ }

2 Zwei Fußballmannschaften A und B spielen gegeneinander.
Wie sieht die Ergebnismenge aus? (Die Zahl der Tore spiele keine Rolle.)

____

3 Gib die Ergebnismenge an, wenn man einen Pfeil auf die abgebildete Scheibe wirft.

S = { ______ }

4 Aus der abgebildeten Urne wird eine Kugel gezogen. Gib die Ergebnismenge an.

a) Für einmaliges Ziehen. S = { ______ }

b) Für zweimaliges Ziehen mit Zurücklegen der zuerst gezogenen Kugel vor dem zweiten Zug.

S = { ______ }

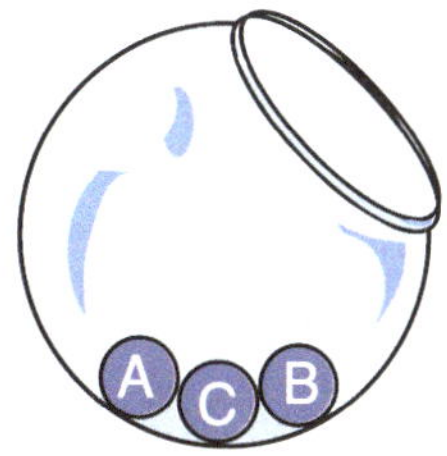

Regel

Jede Teilmenge A einer Ergebnismenge $S = \{e_1, e_2, e_3, \dots\}$ mit den Elementarereignissen $e_1, e_2, e_3, \dots$ nennt man **Ereignismenge**. Wenn bei der Durchführung des Zufallsexperiments ein Elementarereignis aus A eintritt, sagt man, das Ereignis A ist eingetreten.

Beispiel 2: Beim einmaligen Würfeln ist die Ergebnismenge $S = \{1; 2; 3; 4; 5; 6\}$. Wenn man das Ereignis A definiert: *„Die gefallene Augenzahl ist gerade"*, dann lautet die Ereignismenge $A = \{2; 4; 6\}$. Das Ereignis A tritt also dann ein, wenn eine „2", eine „4" oder eine „6" fällt.

5 Eine Münze wird zweimal geworfen.

a) Wie lautet die Ereignismenge des Ereignisses A: *„Zweimal wird dieselbe Seite angezeigt"*. A = { ______ }

b) Wie lautet die Ereignismenge für das Ereignis B: *„Wappen fällt mindestens einmal."* B = { ______ }

6 Ein Würfel wird zweimal geworfen.
Gib jeweils die Ereignismenge zu folgenden Ereignissen an:

A: Zweimal fällt die gleiche Augenzahl. A = { ______ }

B: Beide Augenzahlen sind kleiner als 3. B = { ______ }

C: Die Summe beider Augenzahlen ist 4. C = { ______ }

7 Das abgebildete Glücksrad wird zweimal hintereinander gedreht. Gib die Ereignismenge an:

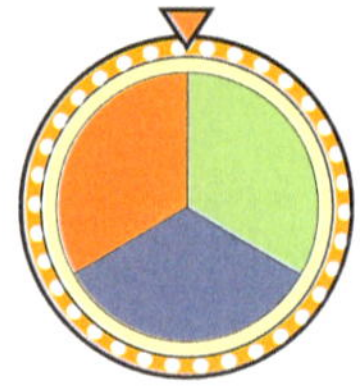

A: Zweimal dieselbe Farbe. A = { ________________________ }

B: Zweimal eine unterschiedliche Farbe. B = { ________________ }

9.2 Absolute und relative Häufigkeiten

Regel

Ein Zufallsexperiment wird n-mal durchgeführt. Wenn das Ereignis A dabei H-mal eingetreten ist, nennt man H die **absolute Häufigkeit**. Den Bruch $\frac{H}{n}$ bezeichnet man als die **relative Häufigkeit** $h = \frac{H}{n}$. Die Summe aller absoluten Häufigkeiten ergibt immer n. Die Summe aller relativen Häufigkeiten ist immer 1. Gibt man zu jedem Ereignis die absolute bzw. relative Häufigkeit an, erhält man eine **Häufigkeitsverteilung**.

Beispiel: a) Ein Würfel wird 24-mal geworfen. Wie groß ist die relative Häufigkeit des Ereignisses A: *„Die Augenzahl ist 1"*? Folgende Augenzahlen sind gefallen:

5 3 2 1 5 3; 6 4 2 3 4 5; 5 3 1 6 2 2; 3 5 1 3 6 1

Die absolute Häufigkeit des Ereignisses A ist $H_A = 4$, da die Augenzahl „1" viermal gefallen ist. Somit ist die relative Häufigkeit $h_A = \frac{4}{24} = \frac{1}{6} = 16{,}7\,\%$

b) Die Häufigkeitsverteilung für dieses Würfelexperiment ist:

Augenzahl	1	2	3	4	5	6
absolute Häufigkeit	4	4	6	2	5	3
relative Häufigkeit	$\frac{4}{24} = \frac{1}{6}$	$\frac{4}{24} = \frac{1}{6}$	$\frac{6}{24} = \frac{1}{4}$	$\frac{2}{24} = \frac{1}{12}$	$\frac{5}{24}$	$\frac{3}{24} = \frac{1}{8}$
relative Häufigkeit in Prozent (vgl. Seite 56)	16,7 %	16,7 %	25 %	8,3 %	20,8 %	12,5 %

8 Das abgebildete Glücksrad wurde 20-mal gedreht. Dabei wurden folgende Zahlen ermittelt:

2 4 2 3 1; 3 4 4 1 2; 3 1 3 2 4; 1 2 1 3 3

Gib die absoluten und relativen Häufigkeiten für folgende Ereignisse an:

A: Die angezeigte Zahl ist gerade. H_A = ______ ; h_A = $\frac{}{}$

B: Die angezeigte Zahl ist kleiner als 4. H_B = ______ ; h_B = $\frac{}{}$

9 Bei einer Schülerumfrage nach dem Verkehrsmittel, mit dem die Schüler zur Schule kommen, ergaben sich folgende Daten:

Bus	Auto	Mofa	Fahrrad	Zu Fuß
285	7	65	95	48

Ermittle im Heft für jedes Verkehrsmittel die relative Häufigkeit und veranschauliche die Häufigkeitsverteilung in einem Säulendiagramm (→ Seite 60)

9.3 Das Gesetz der großen Zahlen

Regel Wird ein Zufallsexperiment sehr oft durchgeführt, so stabilisieren sich die beobachteten relativen Häufigkeiten der jeweiligen Ereignisse bei einem Zielwert, der Wahrscheinlichkeit.
Man nennt diese Erfahrungstatsache das **Gesetz der großen Zahlen**.

Man kann dieses Gesetz ausnutzen, um den Idealwert einer relativen Häufigkeit, die sogenannte **Wahrscheinlichkeit** experimentell zu bestimmen. Insbesondere Meinungsumfragen werden erst dann verlässlich, wenn sehr viele Personen befragt wurden. Und auch bei Qualitätskontrollen von Produkten sollten möglichst viele Messungen durchgeführt werden.

Beispiel 3: Bei einem Würfelexperiment wurde notiert, wie oft die Augenzahl „6" gefallen ist. Die folgende Tabelle zeigt die Häufigkeiten in Abhängigkeit von der Zahl der Würfe. Das Schaubild veranschaulicht den Zusammenhang.

Zahl der Würfe	50	100	200	300	400	500	600
absolute Häufigkeit	6	20	29	45	70	81	101
relative Häufigkeit	0,120	0,200	0,145	0,150	0,175	0,162	0,168

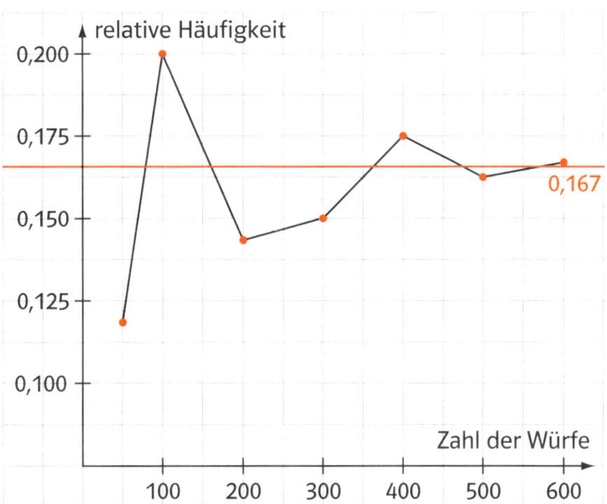

Wie man sieht, stabilisieren sich die Werte mit zunehmender Anzahl der Würfe und nähern sich dem Idealwert, d.h. der Wahrscheinlichkeit $\frac{1}{6} = 0{,}167$ an. Somit handelt es sich bei dem benutzten Würfel um einen idealen Würfel.

10 Ein Kandidat einer Bürgermeisterwahl möchte vor der Wahl anhand einer Umfrage herausfinden, mit welchem Stimmenanteil er rechnen kann.

Zahl der Befragten	100	200	300	400	500	600	700
Stimmen für Kandidat	25	84	90	156	165	216	245
relative Häufigkeit							

a) Berechne für jede Zahl der Befragten die relative Häufigkeit und veranschauliche den Zusammenhang in einem Schaubild.

b) Mit wie viel Prozent der Stimmen kann der Kandidat bei der Wahl rechnen?

11 Das nebenstehende Glücksrad wurde gedreht. Die Tabelle zeigt, wie oft die Farbe grün angezeigt wurde.

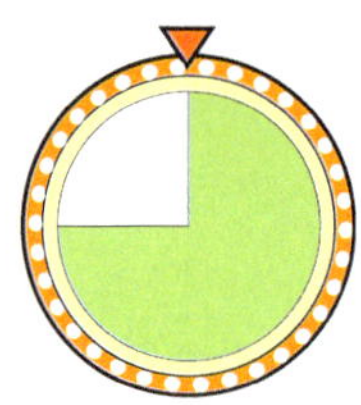

Zahl der Drehungen	50	100	150	200	250	300	350
absolute Häufigkeit	33	68	120	154	181	228	264
relative Häufigkeit							

a) Berechne für jede Zahl der Drehungen die relative Häufigkeit und veranschauliche den Zusammenhang im Heft in einem Schaubild.

b) Welchem Idealwert nähert sich die relative Häufigkeit?

9.4 Gleichverteilungen – das Laplace-Experiment

Regel

Die **Laplace-Formel**: Haben alle Elementarereignisse eines Zufallsexperiments die gleiche Wahrscheinlichkeit, so gilt für die Wahrscheinlichkeit P_A eines Ereignisses A: $P_A = \frac{\text{Anzahl der Elementarereignisse, bei denen A eintritt}}{\text{Anzahl aller möglichen Elementarereignisse}}$

Beispiel 4: Wenn ein Spielwürfel sorgfältig gearbeitet ist, darf man annehmen, dass jede Augenzahl mit der gleichen Wahrscheinlichkeit $p = \frac{1}{6}$ fallen wird. Das Werfen eines solchen idealen Würfels ist also ein Laplace-Experiment.
Die Wahrscheinlichkeit für das Ereignis A: *„Augenzahl größer als 4"* ist:
$P_A = \frac{2}{6}$. Denn die Anzahl der Elementarereignisse, bei denen A eintritt, ist 2 (bei den Augenzahlen „5" und „6"). Insgesamt gibt es 6 Elementarereignisse.

12 Eine Lostrommel enthält 200 Lose. 10 davon sind Gewinne, 50 Lose ergeben einen Trostpreis und der Rest sind Nieten.

a) Warum handelt es sich um ein Laplace-Experiment?

b) Berechne jeweils die Wahrscheinlichkeit, dass das erste gezogene Los ein Gewinn, ein Trostpreis bzw. eine Niete ist.

13 Aus der abgebildeten Urne wird eine Kugel gezogen.

a) Warum handelt es sich um ein Laplace-Experiment?

b) Gib die Wahrscheinlichkeiten für folgende Ereignisse an:

A: Die gezogene Zahl ist größer als 2.
B: Die gezogene Kugel ist grün.
C: Die gezogene Zahl ist ungerade.

14 Die Abbildung zeigt eine Spielsituation beim „Mensch-Ärgere-Dich-Nicht".
Der rote Spieler darf würfeln. Mit welcher Wahrscheinlichkeit kann er den gelben Spieler hinauswerfen?

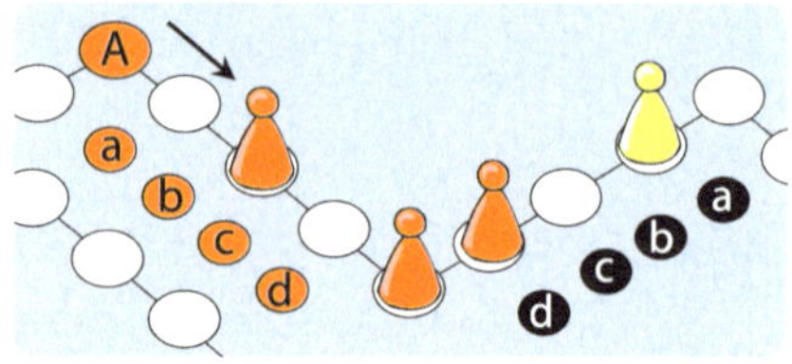

Info plus

Der französische Mathematiker und Astronom P. S. Laplace (1749 - 1827) hat sich nicht nur um die Wahrscheinlichkeitsrechnung verdient gemacht. Unter Napoleon brachte er es auch zum Innenminister Frankreichs - allerdings nur für sechs Wochen.

9.5 Der Durchschnitt von Häufigkeitsverteilungen

Regel

Aus allen relativen Häufigkeiten $h_1, h_2, h_3, \dots h_n$ und allen Ereignissen $e_1, e_2, e_3, \dots, e_n$ kann man den **Durchschnitt** $\varnothing$ (auch arithmetischer Mittelwert) einer Häufigkeitsverteilung berechnen.
Es gilt: $\varnothing = h_1 \cdot e_1 + h_2 \cdot e_2 + h_3 \cdot e_3 + \dots + h_n \cdot e_n$

Beispiel 5: Peter hat seine Zeugnisnoten in einer Tabelle zusammengestellt und möchte seinen Notendurchschnitt berechnen. Seine schlechteste Note war 4. Insgesamt bekam er in 10 Fächern eine Note.

Note	1	2	3	4
absolute Häufigkeit	2	3	4	1
relative Häufigkeit	$\frac{2}{10} = 0{,}2$	$\frac{3}{10} = 0{,}3$	$\frac{4}{10} = 0{,}4$	$\frac{1}{10} = 0{,}1$

Mit $e_1 = 1,\ e_2 = 2,\ e_3 = 3,\ e_4 = 4,\ h_1 = 0{,}2,\ h_2 = 0{,}3,\ h_3 = 0{,}4,\ h_4 = 0{,}1$ folgt für den Notendurchschnitt: $\varnothing = 0{,}2 \cdot 1 + 0{,}3 \cdot 2 + 0{,}4 \cdot 3 + 0{,}1 \cdot 4 = \mathbf{2{,}4}$

15 Ein Kneipenwirt hat die relativen Häufigkeiten berechnet, mit der seine Getränke bestellt werden.
Limonade: 0,25; Bier: 0,60; Apfelsaft: 0,10; Mineralwasser: 0,05.
Die Getränkepreise sind: Limonade: 2,50 €; Bier: 3,60 €; Apfelsaft: 2,80 €; Mineralwasser: 2,10 €.

a) Wie viel Euro nimmt der Wirt im Durchschnitt pro Getränk ein?
b) Wie viel Euro nimmt er an einem Abend ein, wenn er 350 Getränke verkauft?

88 Welche Merkmale muss ein Zufallsexperiment erfüllen? Gib ein Beispiel an.

89 Erläutere anhand eines Würfelexperiments den Unterschied zwischen Ergebnismenge und Ereignismenge.

90 Wie beschreibt man ein Elementarereignis bzw. den Ausgang eines Würfelexperiments, wenn man zweimal hintereinander würfelt?

91 Ein Zufallsexperiment wird n-mal durchgeführt. Wie bestimmt man dann die absolute Häufigkeit bzw. die relative Häufigkeit eines Ereignisses A?

92 Wie erstellt man eine Häufigkeitsverteilung zu einem Zufallsexperiment?

93 Wie bestimmt man die Wahrscheinlichkeit eines Ereignisses A experimentell?

94 Was versteht man unter dem Gesetz der großen Zahlen?

95 Gib ein Beispiel aus der Praxis an, bei dem das Gesetz der großen Zahlen eine wichtige Rolle spielt.

96 Wie lautet die Laplace-Formel und was wird damit berechnet?

97 Unter welcher Voraussetzung gilt die Laplace-Formel?

98 Wie berechnet man den Durchschnitt einer Häufigkeitsverteilung?

99 Wie kann man beim einmaligen Drehen eines Glücksrads anhand des Mittelpunktswinkels eines Feldes die Wahrscheinlichkeit berechnen, dass dieses Feld angezeigt wird?

__/2

1 Aus der abgebildeten Urne wird zweimal hintereinander eine Kugel gezogen. Die erste Kugel wird *nicht* wieder in die Urne zurückgelegt.
Wie lautet die Ereignismenge für folgende Ereignisse?
A: *„Summe der Augenzahlen = 5"*;
B: *„Die gezogenen Kugeln haben die gleiche Farbe."*

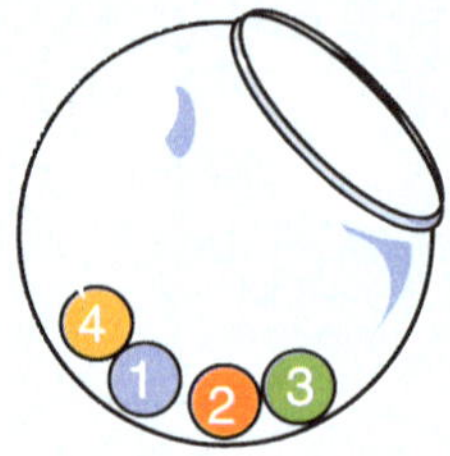

__/4

2 Ein Gastwirt hat für die an einem Wochenende bestellten Getränke folgende Statistik erstellt:

Spezi	Bier	Apfelsaft	Orangensaft	Mineralwasser
214	354	181	155	96

a) Mit welcher Wahrscheinlichkeit bestellt ein neuer Gast ein Bier?

b) Stelle alle relativen Häufigkeiten in einem Säulendiagramm dar.

3 Aus einem Skatspiel (32 Karten, von jeder Spielfarbe – ♦ ♥ ♠ ♣ – acht Karten, nämlich 7, 8, 9, 10, Bube, Dame, König, As) wird eine Karte gezogen. ___/3

Mit welcher Wahrscheinlichkeit erfüllt diese Karte folgende Eigenschaften:

A: ein Bube, p = ______________________

B: eine rote Dame, p = ______________________

C: eine Kreuz-Karte, p = ______________________

4 Die Tabelle zeigt die erzielten Noten einer Klassenarbeit. ___/3

a) Wie viele Schüler hat die Klasse?

b) Berechne den Klassendurchschnitt.

Note	1,0	1,5	2,0	2,5	3,0	3,5	4,0	4,5	5,0
Anzahl	1	2	4	7	8	5	3	2	1
relative Häufigkeit									

____

____

5 Herbert wirft mit einem Tennisball auf eine Blechdose. Dabei hat er folgende Trefferliste erstellt: (T = Treffer, V = vorbei) ___/4

TTVTV; VTTVT; TVTTT; VTTTT; VTTTV; TVVTT

a) Bestimme die relativen Häufigkeiten für „Treffer" und für „Vorbei".

____

b) Seinem Freund Robin schlägt er folgende Spielregel vor: „Wenn ich die Dose verfehle, bekommst du 50 Cent von mir. Wenn ich treffe, bekomme ich 30 Cent von dir. Insgesamt habe ich 60 Würfe auf die Dose."
Wer gewinnt wie viel bei diesem Spiel?

____

Gesamtpunktzahl ___/16

Allgemeine Hinweise zum Abschlusstest

Damit du deine Gesamtpunktzahl einfach errechnen kannst, gibt es für jede Teilaufgabe bei Lückenaufgaben in der Regel einen Punkt, bei schwierigeren Aufgaben zwei Punkte.
Leider ist es nicht möglich, einen allgemeingültigen Notenschlüssel vorzugeben. Er wechselt von Schule zu Schule, von Bundesland zu Bundesland. Damit du deine Leistung einschätzen kannst, gibt es folgende Orientierungspunkte:

- Wenn du mehr als 80 Prozent der Gesamtpunktzahl erreicht hast, ist dein Ergebnis gut oder besser.
- Wenn du mehr als 50 Prozent der Gesamtpunktzahl erreicht hast, ist dein Ergebnis ausreichend oder befriedigend.
- Wenn du weniger als 50 Prozent der Gesamtpunktzahl erreicht hast, ist dein Ergebnis nicht mehr ausreichend. Du solltest dann die Regeln und Aufgaben, bei denen du viele Fehler gemacht hast, noch einmal genau nachlesen und üben.

100 bis 80 Prozent	79 bis 50 Prozent	unter 50 Prozent
sehr gut bis gut	befriedigend bis ausreichend	nicht mehr ausreichend

Kapitel 1: Bruchrechnung

Aufgaben

Seite 6 1 a) $\frac{3}{7}$ b) $\frac{5}{8}$ c) $\frac{8}{24}$ d) $\frac{6}{16}$

Seite 7 2 Es gibt mehrere Lösungsmöglichkeiten.

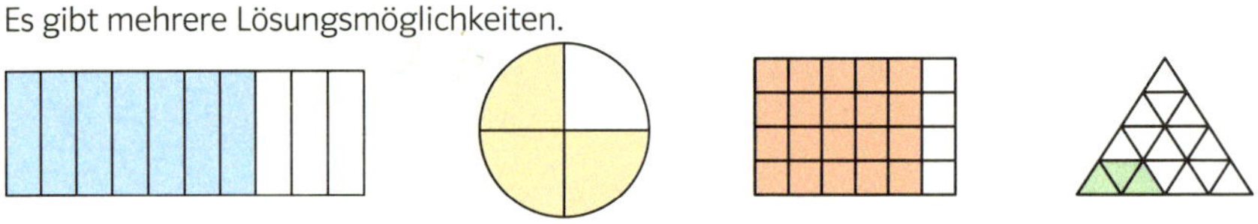

3 Anteil der Mädchen = $\frac{20}{32}$; Anteil der Jungen = $\frac{12}{32}$.

4 a) $\frac{2}{5}$ von 150 Bäumen = $2 \cdot (150$ Bäume $: 5) = 2 \cdot 30$ Bäume = 60 Bäume

b) $\frac{4}{7}$ von 56 Kindern = $4 \cdot (56$ Kinder $: 7) = 4 \cdot 8$ Kinder = 32 Kinder

c) $\frac{3}{4}$ von 80 € = $3 \cdot (80\,€ : 4) = 3 \cdot 20\,€ = 60\,€$

d) $\frac{3}{8}$ von 64 Autos = $3 \cdot (64$ Autos $: 8) = 3 \cdot 8$ Autos = 24 Autos

5 a) $\frac{5}{8}$ t = $\frac{5}{8}$ von 1000 kg = 625 kg b) $\frac{3}{5}$ kg = $\frac{3}{5}$ von 1000 g = 600 g

c) $\frac{2}{3}$ h = $\frac{2}{3}$ von 60 min = 40 min d) $\frac{1}{8}$ km = $\frac{1}{8}$ von 1000 m = 125 m

e) $\frac{1}{4}$ min = $\frac{1}{4}$ von 60 s = 15 s f) $\frac{1}{5}$ m = $\frac{1}{5}$ von 10 dm = 2 dm

g) $\frac{2}{5}$ m^2 = $\frac{2}{5}$ von 100 dm^2 = 40 dm^2 h) $\frac{3}{8}$ ℓ = $\frac{3}{8}$ von 1000 ml = 375 ml

i) $\frac{3}{4}$ Jahr = $\frac{3}{4}$ von 12 Monaten = 9 Monate j) $\frac{1}{2}$ cm^3 = $\frac{1}{2}$ von 1000 mm^3 = 500 mm^3

Seite 9 6 a) $\frac{8}{3} = 2\frac{2}{3}$ b) $\frac{3}{2} = 1\frac{1}{2}$ c) $\frac{12}{5} = 2\frac{2}{5}$ d) $\frac{19}{8} = 2\frac{3}{8}$

7 a) $1\frac{1}{4} = \frac{5}{4}$ b) $2\frac{1}{2} = \frac{5}{2}$ c) $5\frac{3}{8} = \frac{43}{8}$ d) $12\frac{2}{5} = \frac{62}{5}$

8 a) $3\frac{1}{2}$ t = 3 t + $\frac{1}{2}$ t = 3500 kg b) $5\frac{3}{4}$ ℓ = 5 ℓ + $\frac{3}{4}$ ℓ = 5750 ml

c) $2\frac{3}{4}$ h = 2 h + $\frac{3}{4}$ h = 165 min d) $4\frac{2}{5}$ km = 4 km + $\frac{2}{5}$ km = 4400 m

e) $1\frac{1}{4}$ min = 1 min + $\frac{1}{4}$ min = 75 s f) $7\frac{3}{8}$ kg = 7 kg + $\frac{3}{8}$ kg = 7375 g

Seite 10

9 a) $\frac{2}{3}$ mit 4; $\frac{2}{3} = \frac{2 \cdot 4}{3 \cdot 4} = \frac{8}{12}$
b) $\frac{3}{5}$ mit 7; $\frac{3}{5} = \frac{3 \cdot 7}{5 \cdot 7} = \frac{21}{35}$
c) $\frac{6}{7}$ mit 2; $\frac{6}{7} = \frac{6 \cdot 2}{7 \cdot 2} = \frac{12}{14}$

10 a) Es wurde mit 5 erweitert: $\frac{3}{5} = \frac{15}{25}$
b) Es wurde mit 6 erweitert: $\frac{3}{4} = \frac{18}{24}$
c) Es wurde mit 7 erweitert: $\frac{4}{7} = \frac{28}{49}$
d) Es wurde mit 5 erweitert: $\frac{7}{12} = \frac{35}{60}$

11 a) $\frac{3}{5} = \frac{6}{10}$
b) $\frac{3}{4} = \frac{21}{28}$
c) $\frac{2}{3} = \frac{8}{12}$
d) $\frac{7}{5} = \frac{28}{20}$
e) $\frac{17}{25} = \frac{68}{100}$
f) $\frac{13}{15} = \frac{52}{60}$

12 a) $\frac{2}{4} = \frac{1}{2}$
b) $\frac{6}{9} = \frac{2}{3}$
c) $\frac{15}{18} = \frac{5}{6}$
d) $\frac{15}{10} = \frac{3}{2}$
e) $\frac{24}{32} = \frac{3}{4}$
f) $\frac{16}{48} = \frac{1}{3}$
g) $\frac{32}{16} = \frac{2}{1} = 2$
h) $\frac{56}{63} = \frac{8}{9}$
i) $\frac{105}{165} = \frac{7}{11}$

Seite 11

13 a) HN = 4
b) HN = 15
c) HN = 40
d) HN = 18
e) HN = 60
f) HN = 72
g) HN = 120
h) HN = 100

Seite 12

14 a) Es ist: $\frac{3}{5} = \frac{9}{15}$ und $\frac{2}{3} = \frac{10}{15}$. Damit folgt: $\frac{3}{5} < \frac{2}{3}$
b) Es ist: $\frac{5}{6} = \frac{15}{18}$ und $\frac{7}{9} = \frac{14}{18}$. Damit folgt: $\frac{5}{6} > \frac{7}{9}$
c) Es ist: $\frac{1}{3} = \frac{16}{48}$ und $\frac{5}{16} = \frac{15}{48}$. Damit folgt: $\frac{1}{3} > \frac{5}{16}$
d) Es ist: $\frac{11}{18} = \frac{22}{36}$ und $\frac{7}{12} = \frac{21}{36}$. Damit folgt: $\frac{11}{18} > \frac{7}{12}$

15 In die Klasse 5 a gehen 24 Schüler. In die Klasse 6 a gehen 30 Schüler. Somit sind die einzelnen Anteile:

	Fahrrad	Bus	zu Fuß
Klasse 5 a	$\frac{10}{24} = \frac{5}{12}$	$\frac{8}{24} = \frac{1}{3}$	$\frac{6}{24} = \frac{1}{4}$
Klasse 6 a	$\frac{12}{30} = \frac{2}{5}$	$\frac{10}{30} = \frac{1}{3}$	$\frac{8}{30} = \frac{4}{15}$

a) Vergleich der Fahrradfahrer: $\frac{5}{12} = \frac{25}{60} > \frac{2}{5} = \frac{24}{60}$

In der 5 a gibt es anteilig mehr Fahrradfahrer.

b) Vergleich der Busfahrer: $\frac{1}{3} = \frac{1}{3}$

Es gibt gleich viele Schülerinnen und Schüler, die mit dem Bus fahren.

c) Vergleich der Fußgänger: $\frac{1}{4} = \frac{15}{60} < \frac{4}{15} = \frac{16}{60}$

In der 6 a ist der Anteil derer, die zu Fuß gehen, größer.

Seite 13

16 a) $\frac{2}{7} + \frac{4}{7} = \frac{6}{7}$
b) $\frac{7}{9} + \frac{2}{9} = \frac{9}{9} = 1$
c) $\frac{5}{12} - \frac{1}{12} = \frac{4}{12} = \frac{1}{3}$
d) $\frac{19}{8} - \frac{3}{8} = \frac{16}{8} = 2$
e) $1\frac{1}{5} + 2\frac{2}{5} = 3\frac{3}{5}$
f) $3\frac{3}{4} + 2\frac{1}{4} = 5\frac{4}{4} = 6$

17 a) $\frac{7}{8} + \frac{3}{4} = \frac{7}{8} + \frac{6}{8} = \frac{13}{8}$
b) $\frac{7}{15} + \frac{7}{10} = \frac{14}{30} + \frac{21}{30} = \frac{35}{30} = \frac{7}{6}$
c) $\frac{2}{9} - \frac{1}{6} = \frac{4}{18} - \frac{3}{18} = \frac{1}{18}$
d) $\frac{5}{6} - \frac{3}{8} = \frac{20}{24} - \frac{9}{24} = \frac{11}{24}$
e) $\frac{3}{14} + \frac{12}{35} = \frac{15}{70} + \frac{24}{70} = \frac{39}{70}$
f) $\frac{5}{18} + \frac{7}{24} = \frac{20}{72} + \frac{21}{72} = \frac{41}{72}$

18 a) $\frac{1}{9} + \frac{1}{3} + \frac{2}{9} = \frac{1}{9} + \frac{3}{9} + \frac{2}{9} = \frac{6}{9} = \frac{2}{3}$
b) $\frac{2}{5} + \frac{3}{10} + \frac{7}{10} = \frac{4}{10} + \frac{3}{10} + \frac{7}{10} = \frac{14}{10} = \frac{7}{5}$
c) $\frac{1}{4} + \frac{2}{5} + \frac{3}{8} = \frac{10}{40} + \frac{16}{40} + \frac{15}{40} = \frac{41}{40}$
d) $\frac{3}{7} + \frac{5}{14} + \frac{2}{21} = \frac{18}{42} + \frac{15}{42} + \frac{4}{42} = \frac{37}{42}$

19 Der Anteil der schadhaften Äpfel ist: $\frac{1}{8}+\frac{3}{16}+\frac{1}{18}=\frac{18}{144}+\frac{27}{144}+\frac{8}{144}=\frac{53}{144}$.
Die Hälfte wären $\frac{72}{144}$. Der Verkäufer jammert zu Unrecht: Er kann die Hälfte der Äpfel verkaufen.

20 Tinas Freundinnen essen $\frac{1}{5}+\frac{4}{15}+\frac{5}{20}$ von der Torte.
Das sind $\frac{1}{5}+\frac{4}{15}+\frac{5}{20}=\frac{12}{60}+\frac{16}{60}+\frac{15}{60}=\frac{43}{60}$.
Für Tina bleiben also $\frac{17}{60}\left(=\frac{60}{60}-\frac{43}{60}\right)$ übrig. Wegen $\frac{1}{4}=\frac{15}{60}$ bekommt Tina noch etwas mehr als $\frac{1}{4}$ der Torte.

Seite 14

21 a) $\frac{3}{5}\cdot\frac{4}{7}=\frac{12}{35}$ b) $\frac{2}{9}\cdot\frac{5}{11}=\frac{10}{99}$ c) $\frac{4}{3}\cdot\frac{8}{5}=\frac{32}{15}$
d) $\frac{1}{2}\cdot\frac{4}{13}=\frac{4}{26}=\frac{2}{13}$ e) $\frac{7}{8}\cdot 5=\frac{35}{8}$ g) $6\frac{3}{4}\cdot\frac{7}{10}=\frac{27}{4}\cdot\frac{7}{10}=\frac{189}{40}$

22 a) $\frac{4}{9}\cdot\frac{5}{8}=\frac{1}{9}\cdot\frac{5}{2}=\frac{5}{18}$ b) $\frac{18}{25}\cdot\frac{15}{9}=\frac{2}{5}\cdot\frac{3}{1}=\frac{6}{5}$ c) $3\cdot\frac{5}{21}=1\cdot\frac{5}{7}=\frac{5}{7}$
d) $\frac{3}{16}\cdot 12=\frac{3}{4}\cdot 3=\frac{9}{4}$ e) $3\frac{1}{2}\cdot\frac{8}{9}=\frac{7}{2}\cdot\frac{8}{9}=\frac{7}{1}\cdot\frac{4}{9}=\frac{28}{9}$ f) $\frac{29}{18}\cdot\frac{81}{58}=\frac{1}{2}\cdot\frac{9}{2}=\frac{9}{4}$

23 a) $2560\,\text{kt}\cdot\frac{1}{5}\frac{\text{g}}{\text{kt}}=512\,\text{g}$ b) $7250\,\text{kt}\cdot\frac{1}{5}\frac{\text{g}}{\text{kt}}=1450\,\text{g}$

Seite 15

24 a) $\frac{2}{3}:\frac{5}{8}=\frac{2}{3}\cdot\frac{8}{5}=\frac{16}{15}$ b) $\frac{11}{12}:\frac{1}{2}=\frac{11}{12}\cdot\frac{2}{1}=\frac{11}{6}\cdot\frac{1}{1}=\frac{11}{6}$
c) $6:\frac{7}{9}=6\cdot\frac{9}{7}=\frac{54}{7}$ d) $\frac{3}{4}:8=\frac{3}{32}$
e) $5\frac{1}{2}:\frac{2}{3}=\frac{11}{2}\cdot\frac{3}{2}=\frac{33}{4}$ f) $2\frac{2}{5}:5\frac{1}{5}=\frac{12}{5}:\frac{26}{5}=\frac{12}{5}\cdot\frac{5}{26}=\frac{6}{1}\cdot\frac{1}{13}=\frac{6}{13}$

25 a) $\frac{3}{5}:6=\frac{3}{5}\cdot\frac{1}{6}=\frac{1}{10}$ b) $8:\frac{4}{9}=8\cdot\frac{9}{4}=18$
c) $\frac{2}{3}:\frac{8}{15}=\frac{2}{3}\cdot\frac{15}{8}=\frac{5}{4}$ d) $5\frac{1}{2}:4\frac{3}{4}=\frac{11}{2}:\frac{19}{4}=\frac{11}{2}\cdot\frac{4}{19}=\frac{22}{19}$

Seite 16

26 a) $\frac{2}{5}\cdot\left(\frac{3}{8}+\frac{7}{8}\right)=\frac{2}{5}\cdot\frac{10}{8}=\frac{2}{5}\cdot\frac{5}{4}=\frac{1}{1}\cdot\frac{1}{2}=\mathbf{\frac{1}{2}}$ b) $\left(\frac{2}{5}+\frac{4}{5}\right)\cdot\frac{3}{4}=\frac{6}{5}\cdot\frac{3}{4}=\frac{3}{5}\cdot\frac{3}{2}=\mathbf{\frac{9}{10}}$
c) $\frac{7}{6}\cdot\left(\frac{5}{6}-\frac{4}{9}\right)=\frac{7}{6}\cdot\left(\frac{15}{18}-\frac{8}{18}\right)=\frac{7}{6}\cdot\frac{7}{18}=\mathbf{\frac{49}{108}}$

27 a) $3\frac{1}{2}\cdot\left(\frac{3}{4}+\frac{7}{8}\right)=3\frac{1}{2}\cdot\frac{3}{4}+3\frac{1}{2}\cdot\frac{7}{8}=\frac{7}{2}\cdot\frac{3}{4}+\frac{7}{2}\cdot\frac{7}{8}=\frac{21}{8}+\frac{49}{16}=\frac{42}{16}+\frac{49}{16}=\mathbf{\frac{91}{16}}$
b) $\left(\frac{12}{5}-\frac{3}{2}\right):1\frac{1}{2}=\frac{12}{5}:1\frac{1}{2}-\frac{3}{2}:1\frac{1}{2}=\frac{12}{5}:\frac{3}{2}-\frac{3}{2}:\frac{3}{2}=\frac{12}{5}\cdot\frac{2}{3}-\frac{3}{2}\cdot\frac{2}{3}=\frac{8}{5}-1=\mathbf{\frac{3}{5}}$
c) $\left(\frac{2}{3}-\frac{1}{2}\right)\cdot\frac{3}{5}=\frac{2}{3}\cdot\frac{3}{5}-\frac{1}{2}\cdot\frac{3}{5}=\frac{2}{5}-\frac{3}{10}=\frac{4}{10}-\frac{3}{10}=\mathbf{\frac{1}{10}}$

28 a) $\frac{3}{4}\cdot\frac{2}{5}+\frac{4}{5}=\frac{3}{2}\cdot\frac{1}{5}+\frac{4}{5}=\frac{3}{10}+\frac{4}{5}=\frac{3}{10}+\frac{8}{10}=\mathbf{\frac{11}{10}}$
b) $\frac{11}{6}-\frac{4}{9}\cdot\frac{5}{6}=\frac{11}{6}-\frac{20}{54}=\frac{99}{54}-\frac{20}{54}=\mathbf{\frac{79}{54}}$
c) $\frac{3}{5}\cdot\frac{15}{7}-\frac{2}{21}\cdot\frac{6}{5}=\frac{9}{7}-\frac{4}{35}=\frac{45}{35}-\frac{4}{35}=\mathbf{\frac{41}{35}}$
d) $\frac{2}{3}-\frac{3}{8}:\frac{5}{6}+1\frac{3}{4}=\frac{2}{3}-\frac{3}{8}\cdot\frac{6}{5}+\frac{7}{4}=\frac{2}{3}-\frac{9}{20}+\frac{7}{4}=\frac{40}{60}-\frac{27}{60}+\frac{105}{60}=\frac{118}{60}=\mathbf{\frac{59}{30}}$
e) $\frac{9}{40}:\frac{21}{10}+\frac{3}{7}:\frac{15}{14}=\frac{9}{40}\cdot\frac{10}{21}+\frac{3}{7}\cdot\frac{14}{15}=\frac{3}{4}\cdot\frac{1}{7}+\frac{1}{1}\cdot\frac{2}{5}=\frac{3}{28}+\frac{2}{5}=\frac{15}{140}+\frac{56}{140}=\mathbf{\frac{71}{140}}$
f) $\frac{7}{8}\cdot\frac{2}{5}+\frac{4}{3}-\frac{14}{5}\cdot\frac{2}{7}=\frac{7}{20}+\frac{4}{3}-\frac{4}{5}=\frac{21}{60}+\frac{80}{60}-\frac{48}{60}=\mathbf{\frac{53}{60}}$

Seite 17

Training plus

1 Man muss Zähler und Nenner mit derselben natürlichen Zahl multiplizieren.

2 Indem man Zähler und Nenner durch dieselbe natürliche Zahl dividiert.

3 Derjenige Bruch, der den größeren Zähler hat.

4 Der Hauptnenner ist das kleinste gemeinsame Vielfache der Nenner.

5 Zwei gleichnamige Brüche addiert bzw. subtrahiert man, indem man die Zähler addiert bzw. subtrahiert und den Nenner beibehält.

6 Bei ungleichnamigen Brüchen muss man zuerst auf den Hauptnenner erweitern.

7 Indem man beide Zähler miteinander und beide Nenner miteinander multipliziert.

8 Man dividiert durch einen Bruch, indem man mit dessen Kehrbruch multipliziert.

9 Man fügt der Zahl den Nenner „1" an.

10 Man muss die gemischte Zahl zuerst in einen unechten Bruch umwandeln.

11 Indem man den Zähler mit dem Kehrbruch des Nenners multipliziert.

Abschlusstest

Seite 18

1 a) $\frac{5}{7}$ von 287 Schülern sind $5 \cdot (287 \text{ Schüler} : 7) = 5 \cdot 41 \text{ Schüler} = 205 \text{ Schüler}$.

b) $\frac{4}{15}$ von 1755 ha sind $4 \cdot (1755 \text{ ha} : 15) = 4 \cdot 117 \text{ ha} = 468 \text{ ha} = 4\,680\,000 \text{ m}^2$.

2 a) $\frac{2}{3}$ von 63 kg sind $2 \cdot (63 \text{ kg} : 3) = 2 \cdot 21 \text{ kg} = 42 \text{ kg}$.
Der Körper des Jugendlichen enthält 42 Liter Wasser.

b) 1 ℓ sind 1000 ml. $\frac{3}{4}$ von 1000 ml sind $3 \cdot (1000 \text{ ml} : 4) = 3 \cdot 250 \text{ ml} = 750 \text{ ml}$.
Man muss also 750 ml mit dem Messbecher abmessen.

3 a) $\frac{3}{4} \text{cm}^2 = 75 \text{ mm}^2$ b) $\frac{2}{5} \ell = 400 \text{ ml}$ c) $\frac{5}{6} \text{h} = 50 \text{ min}$ d) $\frac{5}{8} \text{m}^3 = 625 \text{ dm}^3$

4 a) $\frac{11}{2} = 5\frac{1}{2}$ b) $\frac{17}{8} = 2\frac{1}{8}$ c) $\frac{18}{7} = 2\frac{4}{7}$ d) $\frac{35}{9} = 3\frac{8}{9}$

5 a) $3\frac{1}{4} = \frac{13}{4}$ b) $7\frac{3}{8} = \frac{59}{8}$ c) $5\frac{2}{7} = \frac{37}{7}$ d) $17\frac{2}{3} = \frac{53}{3}$

6 a) $\frac{1}{8}; \frac{2}{9}; \frac{2}{3}$, HN = 72; $\frac{1}{8} = \frac{9}{72}; \frac{2}{9} = \frac{16}{72}; \frac{2}{3} = \frac{48}{72}$. Damit ist $\frac{2}{3} > \frac{2}{9} > \frac{1}{8}$.

b) $\frac{2}{5}; \frac{3}{4}; \frac{5}{6}$, HN = 60; $\frac{2}{5} = \frac{24}{60}; \frac{3}{4} = \frac{45}{60}; \frac{5}{6} = \frac{50}{60}$. Damit ist $\frac{5}{6} > \frac{3}{4} > \frac{2}{5}$.

c) $\frac{5}{8}; \frac{13}{24}; \frac{7}{12}$, HN = 24; $\frac{5}{8} = \frac{15}{24}; \frac{7}{12} = \frac{14}{24}$. Damit ist $\frac{5}{8} > \frac{7}{12} > \frac{13}{24}$.

d) $\frac{11}{4}; \frac{19}{8}; \frac{12}{5}$, HN = 40; $\frac{11}{4} = \frac{110}{40}; \frac{19}{8} = \frac{95}{40}; \frac{12}{5} = \frac{96}{40}$. Damit ist $\frac{11}{4} > \frac{12}{5} > \frac{19}{8}$.

7 Klasse 6 a: Insgesamt sind 30 Jugendliche in der Klasse 6 a.
Anteil der Mädchen = $\frac{14}{30} = \frac{7}{15}$.
Klasse 6 b: Insgesamt sind 27 Jugendliche in der Klasse 6 b. Anteil der Mädchen = $\frac{12}{27} = \frac{4}{9}$.
Es ist: $\frac{7}{15} = \frac{21}{45}$ und $\frac{4}{9} = \frac{20}{45}$. Und damit: $\frac{7}{15} > \frac{4}{9}$
Somit ist der Anteil der Mädchen in der Klasse 6 a größer als in der Klasse 6 b.

8 a) $7\frac{5}{12} - \frac{11}{12} = \frac{89}{12} - \frac{11}{12} = \frac{78}{12} = \frac{13}{2}$ b) $6\frac{3}{4} - 1\frac{7}{8} = \frac{27}{4} - \frac{15}{8} = \frac{54}{8} - \frac{15}{8} = \frac{39}{8}$

c) $\frac{31}{25} - \frac{11}{20} = \frac{124}{100} - \frac{55}{100} = \frac{69}{100}$ d) $\frac{3}{8} + \frac{5}{16} + \frac{7}{24} = \frac{18}{48} + \frac{15}{48} + \frac{14}{48} = \frac{47}{48}$

9 a) $\frac{7}{8} \cdot \frac{2}{21} = \frac{1}{4} \cdot \frac{1}{3} = \frac{1}{12}$ b) $\frac{16}{35} \cdot \frac{21}{20} = \frac{4}{5} \cdot \frac{3}{5} = \frac{12}{25}$

c) $3\frac{1}{2} \cdot \frac{5}{14} = \frac{7}{2} \cdot \frac{5}{14} = \frac{1}{2} \cdot \frac{5}{2} = \frac{5}{4}$ d) $9\frac{1}{3} : \frac{16}{15} = \frac{28}{3} \cdot \frac{15}{16} = \frac{7}{1} \cdot \frac{5}{4} = \frac{35}{4}$

10 Herbert bekommt $\frac{1}{5}$ von 2850 €. Das sind 570 €. Davon gibt er $\frac{2}{5}$ seiner Frau.
Das sind $\frac{2}{5}$ von 570 € = 228 €. Der Rechenausdruck lautet: $\frac{2}{5} \cdot \frac{1}{5} \cdot 2850 \text{ €} = 228 \text{ €}$.

11 a) Es ist: $8\frac{3}{4} : \frac{1}{3} = \frac{35}{4} \cdot \frac{3}{1} = \frac{105}{4} = 26\frac{1}{4}$. Somit benötigt Karin 26 Gläser.

b) Aus a) weiß man, dass $\frac{1}{4}$ Glas übrig bleibt, d.h.. $\frac{1}{4} \cdot \frac{1}{3} \text{kg} = \frac{1}{12} \text{kg}$.

12 a) Zunächst trinkt Kai-Uwe $\frac{1}{4}$ von einem halben Liter; das sind $\frac{1}{8}\ell$. Dann sind noch $\frac{3}{8}\ell$ $\left(= \frac{1}{2} - \frac{1}{8}\right)$ in seinem Glas. Davon trinkt er $\frac{1}{3}$; also $\frac{1}{3}$ von $\frac{3}{8}\ell = \frac{1}{8}\ell$. Und schließlich trinkt er noch $\frac{1}{5}$ von $\frac{1}{2}\ell$ (= ursprüngliche Menge). Das sind $\frac{1}{10}\ell$.
Insgesamt hat Kai-Uwe also $\frac{1}{8} + \frac{1}{8} + \frac{1}{10} = \frac{5}{40} + \frac{5}{40} + \frac{4}{40} = \frac{14}{40} = \frac{7}{20}\ell$ getrunken.

b) Der Rest im Glas ist: $\left(\frac{1}{2} - \frac{7}{20}\right)\ell = \left(\frac{10}{20} - \frac{7}{20}\right)\ell = \frac{3}{20}\ell$.

13 Die restliche Menge an Limonade ist: $5 \cdot \frac{1}{2}\ell + 2\ell = \frac{9}{2}\ell$.

Jeder der drei Freunde muss also $\frac{3}{2}\ell \left(= \frac{9}{2}\ell : 3\right)$ bekommen.

Um dies zu erreichen, bekommt ein Freund 3 halb volle Flaschen $\left(3 \cdot \frac{1}{2}\ell = \frac{3}{2}\ell\right)$.
Die beiden anderen erhalten jeweils eine ungeöffnete Flasche und eine halb volle Flasche.
Denn es ist $1\ell + \frac{1}{2}\ell = \frac{3}{2}\ell$.

41 – 33 Punkte	32 – 20 Punkte	unter 20 Punkte
sehr gut bis gut	befriedigend bis ausreichend	nicht mehr ausreichend

Kapitel 2: Dezimalbrüche

Aufgaben

Seite 20

1 a) 4,23 b) 0,0457 c) 5,2081 d) 7,05019

2 a) 0,702 00 = **0,702** b) 3,000 10 = **3,0001**
c) 0,101 010 = **0,101 01** d) 100,000 009 = **100,000 009**

Seite 21

3 a) $0{,}45 = \frac{45}{100} = \mathbf{\frac{9}{20}}$ b) $2{,}125 = \frac{2125}{1000} = \mathbf{\frac{17}{8}}$
c) $1{,}005 = \frac{1005}{1000} = \mathbf{\frac{201}{200}}$ d) $2{,}7500 = 2{,}75 = \frac{275}{100} = \mathbf{\frac{11}{4}}$

4 a) $\frac{24}{10} = \mathbf{2{,}4}$ b) $\frac{2008}{1000} = \mathbf{2{,}008}$ c) $\frac{8}{100} = \mathbf{0{,}08}$ d) $\frac{75}{10\,000} = \mathbf{0{,}0075}$

5 Es gibt zum Teil zwei Lösungswege: $\frac{5}{4} = 5:4 = 1{,}25$ oder $\frac{5}{4} = \frac{125}{100} = 1{,}25$
a) $\frac{5}{4} = \mathbf{1{,}25}$ c) $\frac{12}{5} = \mathbf{2{,}4}$ d) $\frac{13}{20} = \mathbf{0{,}65}$ e) $\frac{3}{8} = \mathbf{0{,}375}$
f) $\frac{7}{50} = \mathbf{0{,}14}$ g) $\frac{2}{3} = \mathbf{0{,}\overline{6}}$ h) $\frac{2}{11} = \mathbf{0{,}\overline{18}}$ i) $\frac{20}{9} = \mathbf{2{,}\overline{2}}$

Seite 22

6 a) 3,47 < 3,49 b) 12,5071 > 12,5069 c) 0,075 < 0,57

7 a) 0,103 < 0,13 < 0,301 < 0,31 < 1,03 < 1,3 b) 0,83 < 3,08 < 3,8 < 8,3 < 80,3 < 83,0

8

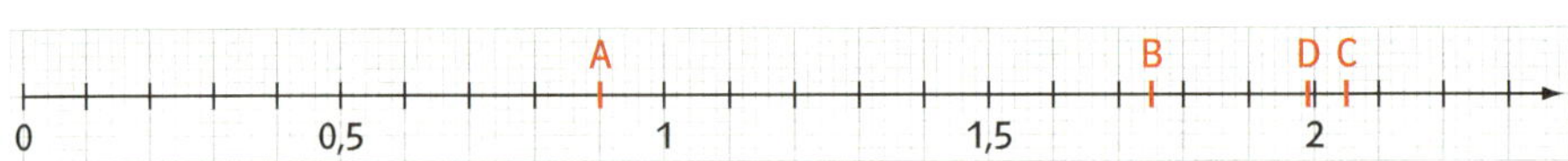

9 A = 1,021; B = 1,027; C = 0,11; D = 0,33
E = 0,992; F = 0,997; G = 2,954; H = 2,959

10 Runde	3,4278	0,04259	12,0994	9,9999
auf eine Dezimale	**3,4**	**0,0**	**12,1**	**10,0**
auf zwei Dezimale	**3,43**	**0,04**	**12,10**	**10,00**
auf drei Dezimale	**3,428**	**0,043**	**12,099**	**10,000**

Seite 23

11 a) 1,60**9**3426 km ≈ 1,609 km b) 15**8**,987249928 ℓ ≈ 159 ℓ
c) Die gelaufenen Zeiten liegen oft so nah beieinander, dass man die Zeit auf Hundertstelsekunden genau messen muss. Sonst hätte ein Läufer mit beispielsweise 10,49 s die gleiche Zeit wie ein Läufer mit 9,69 s.

12

a)		b)		c)		d)	
	3,75		10,91		7,030		15,082
	+ 5,96		− 5,84		+ 8,679		− 13,400
	1 1		1 1		1 1		1
	9,71		**5,07**		**15,709**		**1,682**

e)				f)			
	7,20		24,38		0,970		4,000
	+ 12,94		− 20,14		+ 1,001		− 1,971
	1 1						1 1 1
	20,14		**4,24**		1,971		**2,029**

Seite 24

13 a) 5,055 − (1,79 + 2,2) = 5,055 − 3,99 = **1,065**
b) 450 € − (367,06 € + 54,10 €) = 450 € − 421,16 € = **28,84 €**

14 Gesamtkosten: 15,45 € + 39,75 € + 85 € + 26,65 € = **166,85 €**

15 a) 2,7 · 9,25 = 24,975 b) 4,75 · 0,08 = 0,3800 = 0,38 c) 16 · 4,005 = 64,080 = 64,08

Seite 25

16 a) 0,5 · 2 = 1,0 = **1** b) 34,56 · 100 = **3456** c) 1,5 · 2,0 = 3,00 = **3**
d) 0,004 · 0,2 = **0,0008** e) 3,25 · 5,8 = **18,85** f) 28,24 · 0,022 = **0,62128**

17 a) 14″ = 14 · 2,54 cm = **35,56 cm** b) 17″ = 17 · 2,54 cm = **43,18 cm**

18 Fläche des Zimmers: A = 4,93 m · 6,75 m = 33,2775 m^2 ≈ **33,28 m^2**

19 a) 1,8 : 6 = **0,3** b) 0,16 : 4 = **0,04** c) 2,8 : 7 = **0,4**
d) 345,67 : 100 = **3,4567** e) 27,3 : 3,5 = 273 : 35 = **7,8** f) 9,3 : 0,05 = 930 : 5 = **186**
g) 7,8 : 2,25 = 780 : 225 = **$3,4\overline{6}$** h) 74,12 : 1,7 = 741,2 : 17 = **43,6**

Seite 26

20 Ein Blatt wiegt 2,55 kg : 500 = 0,0051 kg = **5,1 g**.

Seite 27

21 Von 108,5 cm muss zunächst 5-mal die Breite einer Zaunlatte abgezogen werden.
Da es 4 Lattenabstände gibt, muss das Ergebnis durch 4 geteilt werden:
108,5 cm − 5 · 4,8 cm = 108,5 cm − 24 cm = 84,5 cm
Somit ist ein Lattenabstand 84,5 cm : 4 = **21,125 cm**.

22 85,5 m^2 : 18 m^2 = **4,75**. Somit braucht Karl **5 Eimer** Farbe.

23 441 € : 28 = 15,75 €. Die Klassenfahrt kostet 15,75 € pro Person.

24 a) 4,35 m = **435 cm** b) 0,5 ℓ = **0,0005 m^3** c) 2500 kg = **2,5 t**
d) 234 mm = **2,34 dm** e) 45 dm^2 = **0,45 m^2** f) 90 min = **1,5 h**
g) 5 m 75 cm = **575 cm** h) 270 g = **0,270 kg** i) 0,25 dm = **25 mm**
j) $\frac{3}{4}$ m = **0,75 dm** k) $\frac{1}{2}$ t = **500 kg** l) $\frac{3}{4}$ h = 45 min = **2700 s**

Seite 28

Seite 29 **Training plus**

12 Dezimalzahl oder Kommazahl

13 Dezimalstellen oder Dezimale oder Nachkommastellen

14 Die Ziffern des Zählers sind die Ziffern des Dezimalbruchs. Die Zahl der Nullen des Nenners gibt an, wie viele Dezimalstellen der Dezimalbruch hat.

15 Indem man den Quotient *„Zähler : Nenner"* berechnet.

16 Die Kommas müssen *genau untereinander* stehen.

17 Man berechnet zunächst das Produkt, ohne die Kommas zu berücksichtigen. Anschließend setzt man das Komma so, dass im Ergebnis so viele Dezimalstellen stehen wie in beiden Faktoren zusammen.

18 Man braucht das Komma nur um so viele Stellen nach rechts verschieben, wie die 10er-Zahl Nullen hat.

19 Man dividiert durch einen Dezimalbruch, indem man im Dividend (linke Zahl) und im Teiler (rechte Zahl) die Kommas gleichzeitig solange nach rechts verschiebt, bis im Teiler kein Komma mehr da steht. Wenn der Dividend weniger Dezimalen hat als der Teiler, sollte man die fehlenden Dezimalen durch „0" ergänzen. Bei der anschließenden Division muss man im Ergebnis dann ein Komma setzen, wenn man das Komma im Dividend überschreitet oder wenn ein Rest übrig bleibt.

20 Bei der Umrechnung von Zeiteinheiten muss man zur nächstkleineren bzw. nächstgrößeren Zeiteinheit jeweils mit 60 multiplizieren bzw. durch 60 dividieren.

21 Bei der Umrechnung von km in m muss man in der Maßzahl das Komma um 3 Stellen nach rechts verschieben. Bei der Umrechnung von m in km um 3 Stellen nach links.

Seite 30 **Abschlusstest**

1 a) $0{,}09 < \frac{2}{3} \approx 0{,}67 < 0{,}79 < \frac{4}{5} = 0{,}8 < 1{,}05 < 1\frac{1}{2} = 1{,}5$

b) $2{,}9 < 3{,}09 < \frac{19}{6} \approx 3{,}17 < \frac{16}{5} = 3{,}2 < 3{,}4$

2 A = 0,61; B = 0,635

3 a) 10 Gallon = 10 · 3,7854 ℓ = 37,854 ℓ ≈ **37,9 ℓ**
b) 0,5 Gallon = 0,5 · 3,7854 ℓ = 1,8927 ℓ ≈ **1,9 ℓ**
c) 3,8 Gallon = 3,8 · 3,7854 ℓ = 14,38452 ℓ ≈ **14,4 ℓ**

4 40 € : 7 ≈ **5,71 €**. Klara kann pro Tag ca. **5,70 €** ausgeben.

5 Beachte, dass alle Gramm-Angaben zuerst in kg umgerechnet werden müssen.
0,250 · 5,60 € + 0,450 · 17,80 € + 0,750 · 12,48 € = 1,40 € + 8,01 € + 9,36 € = **18,77 €**
50 € − 18,77 € = **31,23 €**. Fabians Mutter erhält **31,23 €** Wechselgeld zurück.

6 Der Jahresbedarf eines Einwohners ist 365 · 0,285 kg = 104,025 kg.
Somit verbraucht eine vierköpfige Familie 4 · 104,025 kg = **416,1 kg Mehl**.

7 a)
Prinz —(−2,06)→ **17,94** —(−(26,91 : 3))→ **8,97** —(−(1,8 · 2,5))→ **4,47** —(−4,48)→ **genügt nicht**
Prinz —(−5,17)→ **14,83** —(−(7,41 : 1,5))→ **9,89** —(−(0,4 · 6,5))→ **7,29** —(−(72,9 : 10))→ **0** Prinzessin
Prinz —(−0,75)→ **19,25** —(−(4,28 : 0,4))→ **8,55** —(−(275 : 100))→ **5,80** —(−1,92)→ **3,88**

Auf dem oberen Weg kann er die Gebühr des letzten Abschnitts nicht bezahlen. Auf dem mittleren Weg reichen seine 20 Taler gerade noch. Nur auf dem unteren (linken) Weg hat Prinz Baldrian noch **3,88 Taler** übrig, um Rosen zu kaufen.

b) Es ist: 3,88 Taler : 0,85 ≈ 4,56 Rosen. Prinz Baldrian kann der Prinzessin also noch **4 Rosen** mitbringen.

24 - 19 Punkte	18 - 12 Punkte	unter 12 Punkte
sehr gut bis gut	befriedigend bis ausreichend	nicht mehr ausreichend

Kapitel 3: Rationale Zahlen

Aufgaben

1 Seite 32

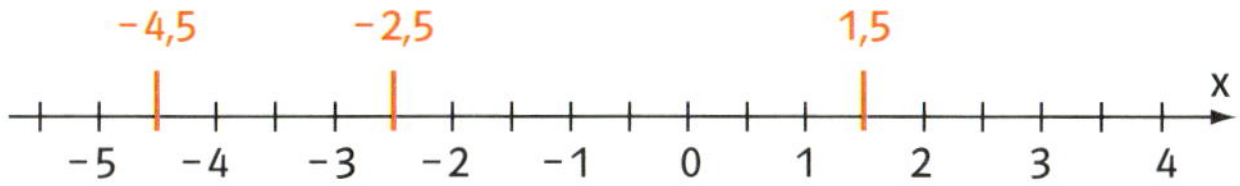

Es gilt: $1{,}5 > -2{,}5 > -4{,}5$.
Die Beträge der drei Zahlen sind: $|1{,}5| = 1{,}5$; $|-2{,}5| = 2{,}5$; $|-4{,}5| = 4{,}5$.
Die Gegenzahlen sind: $-1{,}5$; $+2{,}5$; $+4{,}5$.

2 A = 3,5; B = -0,5; C = -3,75

3 Seite 33

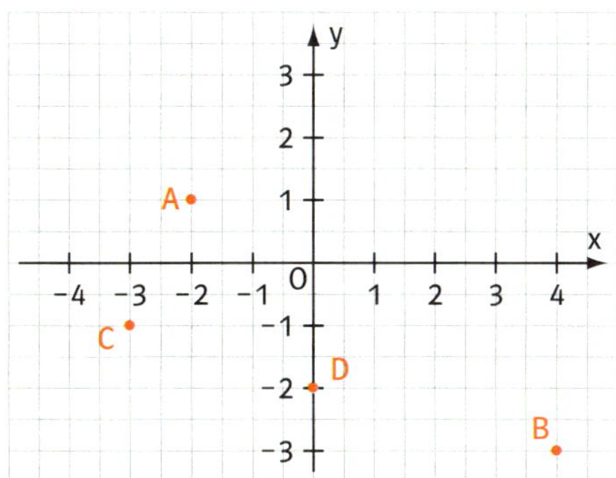

4 a) $\mathbb{N}$: 0; 5; $7\left(=\frac{7}{1}\right)$; 1,0 (= 1) Seite 34
$\mathbb{Z}$: 0; 1,0 (= 1); 5; $\frac{7}{1}$ (= 7); $-\frac{16}{2}$ (= -8)
$\mathbb{Q}$: alle Zahlen

b) $\mathbb{N}$: $+\frac{3}{1}$ (= 3)
$\mathbb{Z}$: $-\frac{10}{5}$ (= -2); $+\frac{3}{1}$ (= 3)
$\mathbb{Q}$: alle Zahlen

5 a) Falsch, denn die Zahl $2\frac{1}{4}$ ist zwar eine rationale Zahl, aber keine ganze Zahl.
b) Richtig, wegen -5,0 = -5 gehört -5,0 zur Menge $\mathbb{Z}$, und zu $\mathbb{Q}$ sowieso. -5 gehört aber nicht zur Menge $\mathbb{N}$, da -5 negativ ist.
c) Richtig. Jede Gegenzahl einer natürlichen Zahl ist eine ganze, negative Zahl.

6 a) -3 + 7 = **+4** Seite 35

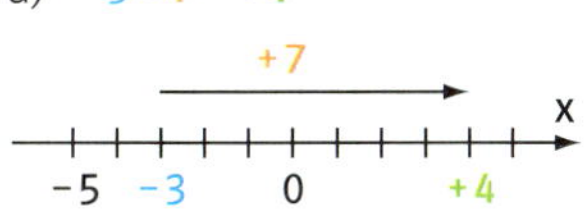

b) 5 - 8 = **-3**

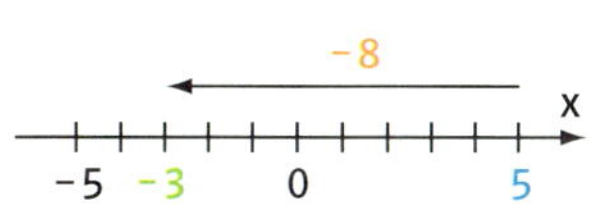

c) $-1 - 5 = -6$

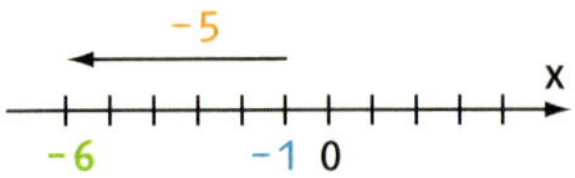

d) $-7{,}5 + 4 = -3{,}5$

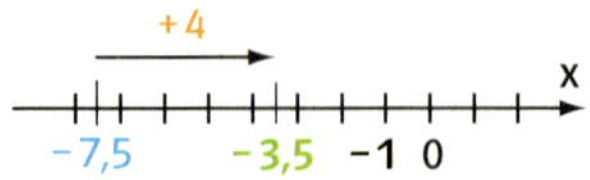

7 $5 - 12 = -7$. Am nächsten Tag beträgt die Temperatur **−7° C**.

8 $15 - 21 = -6$. Maria hat dann **6 € Schulden** (Minus) auf dem Konto.

Seite 36

9 a) $-2 + 9 = +7$ b) $-3 - 8 = -11$ c) $-28 + 13 = -15$
d) $52 - 75 = -23$ e) $-83 - 71 = -154$ f) $-39 + 0{,}5 = -38{,}5$

10 a) $-2{,}5 + 3{,}9 = +1{,}4$ b) $-5{,}75 - 1{,}25 = -7$
c) $\frac{4}{7} - \frac{18}{7} = -\frac{14}{7} = -2$ d) $-\frac{31}{5} + 3{,}4 = -6{,}2 + 3{,}4 = -2{,}8$
e) $-\frac{18}{5} - \frac{21}{10} = -3{,}6 - 2{,}1 = -5{,}7$ f) $3\frac{3}{4} - 7{,}5 = 3{,}75 - 7{,}5 = -3{,}75$

11 a) $(+4) + (-8) = +4 - 8 = -4$ b) $(-5) - (-7) = -5 + 7 = +2 = 2$
c) $(+15) - (+9) = +15 - 9 = +6 = 6$ d) $(-12) + (+7) = -12 + 7 = -5$
e) $(-7{,}2) + (+9{,}5) = -7{,}2 + 9{,}5 = +2{,}3$ f) $\left(-\frac{2}{3}\right) - \left(+\frac{2}{3}\right) = -\frac{2}{3} - \frac{2}{3} = -\frac{4}{3}$

Seite 37

12 a) $(3 + 5) - 7 = 3 + 5 - 7 = 8 - 7 = 1$ b) $-4 - (5 - 7 + 1) = -4 - 5 + 7 - 1 = -3$
c) $2 + (-8 + 7) = 2 - 8 + 7 = 1$ d) $-(+4{,}5) - (-6{,}1 - 0{,}5) = -4{,}5 + 6{,}1 + 0{,}5 = 2{,}1$
e) $(-0{,}9 - 7{,}1) - \left(+\frac{1}{2} - \frac{3}{4}\right) = -0{,}9 - 7{,}1 - \frac{1}{2} + \frac{3}{4} = -8 - 0{,}5 + 0{,}75 = -7{,}75$

13 a) $(3 + 5) - 7 = 8 - 7 = 1$ b) $-4 - (5 - 7 + 1) = -4 - (-1) = -3$
c) $2 + (-8 + 7) = 2 + (-1) = 1$ d) $-(+4{,}5) - (-6{,}1 - 0{,}5) = -4{,}5 - (-6{,}6) = 2{,}1$
e) $(-0{,}9 - 7{,}1) - \left(+\frac{1}{2} - \frac{3}{4}\right) = -8 - (-0{,}25) = -7{,}75$

Seite 38

14

1. Faktor	2. Faktor	Vorzeichen des Produkts	Betrag des Produkts
+8	−4	−	32
−12	−7	+	84
+15	−3	−	45
$-\frac{5}{9}$	$\frac{3}{10}$	−	$\frac{15}{90} = \frac{1}{6}$

15 a) $(-7) \cdot (+4) = -28$ b) $(-9) \cdot (-8) = +72$ c) $(-6) \cdot (+6) = -36$
d) $-3 \cdot (-1{,}5) = +4{,}5$ e) $-\frac{1}{2} \cdot (+5) = -2{,}5$ f) $(-2{,}5) \cdot \left(-\frac{3}{4}\right) = +\frac{15}{8} = +1{,}875$
g) $-4{,}8 \cdot 5 = -24$ h) $-\frac{2}{3} \cdot \left(-\frac{9}{8}\right) = +\frac{3}{4}$

Seite 39

16 a) $9 \cdot (+5)(-2) = -90$ b) $6 \cdot (-7) \cdot 3 \cdot (-2) = +252$ c) $(-3) \cdot (-4) \cdot (-5) \cdot (+1) = -60$
d) $-11 \cdot \left(-\frac{3}{22}\right) \cdot \frac{4}{3} = +2$ e) $2 \cdot (-1{,}5) \cdot \left(-\frac{5}{6}\right) \cdot 12 = +30$ f) $(-25) \cdot 13 \cdot (-9) \cdot 0 \cdot (-21) = 0$

17 a) $(-28) : (+4) = -7$ b) $(-63) : (-9) = +7$ c) $(-54) : (+6) = -9$
d) $-3 : \left(-\frac{3}{4}\right) = +4$ e) $-\frac{1}{2} : \left(+\frac{5}{4}\right) = -\frac{2}{5}$ f) $-\frac{3}{4} : 8 = -\frac{3}{32}$

Seite 40

18

:	4	−2	+3	−1
+15	3,75 R	−7,5 E	5 H	−15 T
−12	−3 H	+6 E	−4 N	12 S
$-\frac{1}{2}$	−0,125 E	0,25 U	$-0{,}1\overline{6}$ R	0,5 G
0,48	0,12 G	−0,24 E	0,16 T	−0,48 C

SEHR GUT GERECHNET

19 a) $\frac{7}{5} + \frac{-2}{-5} = \frac{7}{5} + \frac{2}{5} = \frac{9}{5}$ b) $\frac{3}{7} - \frac{9}{-7} = \frac{3}{7} - \left(-\frac{9}{7}\right) = \frac{3}{7} + \frac{9}{7} = \frac{12}{7}$

c) $\frac{5}{22} + \frac{-2}{11} = \frac{5}{22} + \left(-\frac{2}{11}\right) = \frac{5}{22} - \frac{2}{11} = \frac{5}{22} - \frac{4}{22} = \frac{1}{22}$

d) $\frac{5}{6} - \frac{-9}{8} = \frac{5}{6} + \frac{9}{8} = \frac{20}{24} + \frac{27}{24} = \frac{47}{24}$

20 a) $25 - 24 + 8 \cdot (-5) - 21 = 25 - 24 - 40 - 21 = -60$ Seite 41

b) $(-12) + 9 : \left(-\frac{3}{4}\right) \cdot (-7) + 8{,}5 = -12 + (-12) \cdot (-7) + 8{,}5 = -12 + 84 + 8{,}5 = 80{,}5$

c) $-\frac{7}{5} - \frac{12}{5} \cdot 4 - (-6{,}5) \cdot 2 = -\frac{7}{5} - \frac{48}{5} + 13 = -\frac{55}{5} + 13 = -11 + 13 = 2$

d) $(-5) \cdot \left(-3\frac{1}{2}\right) + 3{,}5 - 5 \cdot 7{,}2 = 17{,}5 + 3{,}5 - 36 = 21 - 36 = -15$

21 a) $-2 \cdot (8 - 12) = -16 + 24$

b) $(-3 - 7) \cdot 5 = -15 - 35$

c) $3 + (-2) \cdot (5 - 9) = 3 + (-10 + 18) = 3 - 10 + 18$

d) $1 - (9 - 2) \cdot (-4) = 1 - (-36 + 8) = 1 + 36 - 8$

22 a) $1 - 6 \cdot (3 - 5) = 1 - 18 + 30 = 13$

b) $2 - (-5 + 9) \cdot 7 = 2 - (-35 + 63) = 2 + 35 - 63 = -26$

c) $9 - (3 - 4) \cdot (-6) = 9 - (-18 + 24) = 9 + 18 - 24 = 3$

d) $2{,}5 - \frac{3}{4} \cdot \left(-8 + \frac{4}{3}\right) = 2{,}5 + 6 - 1 = 7{,}5$

23 a) $-86 \cdot 7 + 36 \cdot 7 = (-86 + 36) \cdot 7 = -50 \cdot 7 = -350$

b) $-20 \cdot 67 + (-20) \cdot 33 = -20 \cdot (67 + 33) = -20 \cdot 100 = -2000$

c) $\frac{4}{5} \cdot 2{,}45 - 0{,}95 \cdot \frac{4}{5} = \frac{4}{5} \cdot (2{,}45 - 0{,}95) = \frac{4}{5} \cdot 1{,}5 = \frac{4}{5} \cdot \frac{3}{2} = \frac{6}{5} = 1{,}2$

d) $0{,}5 \cdot 2\frac{1}{6} - 0{,}5 \cdot \left(-3\frac{5}{6}\right) = 0{,}5 \cdot \left(2\frac{1}{6} + 3\frac{5}{6}\right) = 0{,}5 \cdot 6 = 3$

24 a) $3 + (-35 - 20) : 5 = 3 + (-7 - 4) = 3 - 7 - 4$ Seite 42

b) $(+22 - 14) : (-2) = (-11 + 7) = -11 + 7$

c) $7 - (-30 + 18) : (-6) = 7 - (+5 - 3) = 7 - 5 + 3$

d) $9 + (24 - 32) : (+4) = 9 + (+6 - 8) = 9 + 6 - 8$

25 a) $7 - (14 - 35) : 7 = 7 - (2 - 5) = 7 - 2 + 5 = 10$

b) $5 + (-27 + 18) : (-9) = 5 + (3 - 2) = 5 + 3 - 2 = 6$

c) $1 - (12 + 30) : (-6) = 1 - (-2 - 5) = 1 + 2 + 5 = 8$

d) $3 + (-4 + 8) : \left(-\frac{4}{7}\right) = 3 + (7 - 14) = 3 + 7 - 14 = -4$

e) $4{,}5 - (2{,}0 - 7{,}5) : (-5) = 4{,}5 - (-0{,}4 + 1{,}5) = 4{,}5 + 0{,}4 - 1{,}5 = 3{,}4$

f) $-\frac{2}{3} - \left(-\frac{1}{2} + \frac{5}{6}\right) : \left(-\frac{1}{6}\right) = -\frac{2}{3} - (3 - 5) = -\frac{2}{3} - 3 + 5 = 1\frac{1}{3}$

Training plus

Seite 43

22 Beispielhafte Lösungen: Die Änderung der Temperatur im Winter; wenn man sein Konto überzieht; Tiefenangabe beim Tauchen …

23 Die negativen Zahlen liegen auf der Zahlengeraden links von der Null.

24 Indem man sie an der Null spiegelt, d.h. ihr Vorzeichen ändert.

25 $\mathbb{N}$ = natürliche Zahlen; $\mathbb{Z}$ = ganze Zahlen; $\mathbb{Q}$ = rationale Zahlen. $\mathbb{N}$ ist sowohl in $\mathbb{Z}$ als auch in $\mathbb{Q}$ enthalten. $\mathbb{Z}$ ist eine Teilmenge von $\mathbb{Q}$.

26 Bei gleichen Vor- bzw. Rechenzeichen erhält man Plus; bei verschiedenen Vor- bzw. Rechenzeichen erhält man Minus. $+(+a) = +a$; $+(-a) = -a$; $-(+a) = -a$; $-(-a) = +a$

27 Man lässt einfach das vorausstehende Pluszeichen und die Klammer weg.
Sonderfall: Wenn der erste Summand in der Klammer ein Vorzeichen trägt, gilt:
$+(- \ldots) = - \ldots$ und $+(+ \ldots) = + \ldots$.

28 Man dreht alle Rechenzeichen in der Klammer um und streicht dann das vorausgehende Minuszeichen und die Klammer. **Sonderfall:** Wenn der erste Summand in der Klammer ein Vorzeichen trägt, gilt: $-(+\,\ldots) = -\,\ldots$ und $-(-\,\ldots) = +\,\ldots$.

29 Haben beide rationale Zahlen das gleiche Vorzeichen, ist das Ergebnis positiv. Haben sie unterschiedliche Vorzeichen, ist das Ergebnis negativ.

30 Ist die Anzahl der negativen Vorzeichen gerade, ist das Ergebnis positiv. Ist sie ungerade, ist das Ergebnis negativ. Den Betrag des Ergebnisses erhält man, indem man die Beträge der rationalen Zahlen miteinander multipliziert.

31 Weil dann das Ergebnis immer 0 ist und man nicht rechnen muss.

32 Indem man mit dem negativen Kehrbruch multipliziert.

Abschlusstest

1

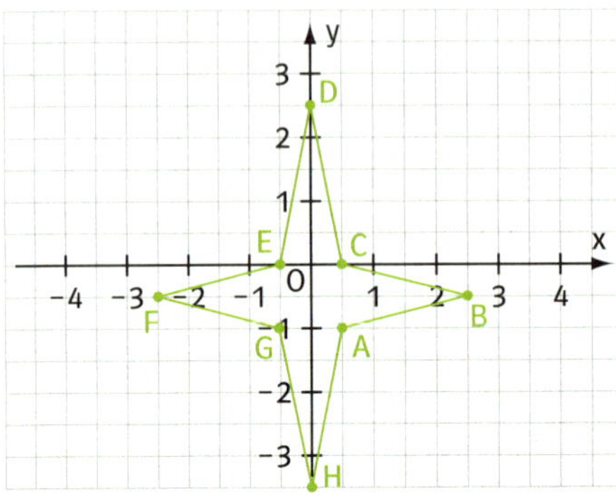

zu 8:

(1) 1	(2) 2	0 G		(3) 3	(4) 9 T
(5) 8	1		(6) 6 A	3	0
	(7) 5	(8) 4 E	8 H		7 C
(9) 5 M		(10) 1	9	(11) 1 U	
(12) 3	(13) 3 G	3		2 T	(14) 4
9	0		(15) 3	1	8

2 Die ganzen Zahlen sind: $2;\ 9;\ -1;\ +5;\ 7;\ 12;\ -5;\ |-5|;\ -3;\ -8;\ -101$. ZAHLENMENGE

3 a) $3{,}5 + (-2{,}4) - 21 - (-17) = 3{,}5 - 2{,}4 - 21 + 17 = \mathbf{-2{,}9}$

b) $9 - [-6 + (-4)] - 8 = 9 - [-6 - 4] - 8 = 9 - [-10] - 8 = 9 + 10 - 8 = \mathbf{11}$

c) $-[12{,}4 - (-8{,}2)] - \left[-3{,}25 + \left(-\frac{1}{2}\right)\right] - (4{,}6 - 2{,}5) = -[12{,}4 + 8{,}2] - \left[-3{,}25 - \frac{1}{2}\right] - 2{,}1$

$= -20{,}6 - (-3{,}75) - 2{,}1 = -20{,}6 + 3{,}75 - 2{,}1 = \mathbf{-18{,}95}$

4 $U = -70;\ H = +8;\ S = +36;\ L = 0;\ A = -4{,}5;\ C = +22{,}5;$ SCHLAU

5 a) $15 + (-8) : \frac{3}{4} \cdot (-6) - (-59) = 15 + \left(-\frac{32}{3}\right) \cdot (-6) + 59 = 15 + 64 + 59 = \mathbf{138}$

b) $-36 \cdot \left(-\frac{7}{9}\right) + 2{,}5 \cdot (-8) + 8 : \left(-\frac{16}{7}\right) = 28 - 20 - \frac{7}{2} = \mathbf{4{,}5}$

6 a) $0{,}5 \cdot (-10) - 8 \cdot \left(-\frac{3}{4} + 2\right) = -5 + 6 - 16 = \mathbf{-15}$

b) $1{,}2 - \left(1{,}5 + \frac{4}{3}\right) \cdot (-6) = 1{,}2 - (-9 - 8) = 1{,}2 + 9 + 8 = \mathbf{18{,}2}$

7 a) $3 \cdot (-2{,}75) + 3 \cdot 1{,}25 = 3 \cdot (-2{,}75 + 1{,}25) = 3 \cdot (-1{,}5) = \mathbf{-4{,}5}$

b) $-82{,}5 \cdot 19 + 19 \cdot 12{,}5 = 19 \cdot (-82{,}5 + 12{,}5) = 19 \cdot (-70) = \mathbf{-1330}$

8 GUT GEMACHT (siehe Grafik rechts oben)

38 – 30 Punkte	**29 – 19 Punkte**	**unter 19 Punkte**
sehr gut bis gut	befriedigend bis ausreichend	nicht mehr ausreichend

Kapitel 4: Dreisatzrechnung

Aufgaben

Seite 47

1 a)

:7	7 Äpfel	3,50 €	:7
· 12	1 Apfel	**0,50 €**	· 12
	12 Äpfel	**6,0 €**	

b)

: 14	14 Flaschen	21 kg	: 14
· 8	1 Flasche	**1,5 kg**	· 8
	8 Flaschen	**12 kg**	

c)

:5	5 Lose	**250 Cent**	:5
· 60	1 Los	50 Cent	· 60
	60 Lose	**3000 Cent**	

d)

: 27	**27 Liter**	450 km	: 27
· 60	1 Liter	**$16,\overline{6}$ km**	· 60
	60 Liter	**1000 km**	

2

: 15	15 s	18 Schläge	: 15
· 3600	1 s	1,2 Schläge	· 3600
	3600 s	**4320 Schläge**	

Hinweis: Eine Stunde sind 3600 s.

3

: 5	5 min	32 ml	: 5
· 1440	1 min	6,4 ml	· 1440
	1440 min	9216 ml = **9,216 ℓ**	

Jährlich sind das
365 · 9,216 ℓ = 3363,84 ℓ ≈ 3,36 m³.
Das sind dann 3,36 · 4,95 € ≈ **16,63 €**.
Hinweis: 1 Tag sind 24 · 60 min = 1440 min.

4

: 0,016	0,016 g	1 Flug	: 0,016
· 500	1 g	62,5 Flüge	· 500
	500 g	**31 250 Flüge**	

Es sind 16 mg = 0,016 g. Für 1 g (= 1000 mg) sind 62,5 Flüge (= 1 g : 0,016 g) nötig.
Um 500 g zu sammeln, muss die Biene dann 500 · 62,5 = 31 250-mal ausfliegen.

Seite 48

5 a)

: 120	120 km	8 ℓ	: 120
· 540	1 km	$0,0\overline{6}$ ℓ	· 540
	540 km	**36 ℓ**	

b)

· 36	1 ℓ	2,4 kg	· 36
	36 ℓ	**86,4 kg**	

Seite 49

6 a)

: 3	3 Arbeiter	16 Tage	· 3
· 8	1 Arbeiter	**48 Tage**	: 8
	8 Arbeiter	**6 Tage**	

b)

: 80	80 $\frac{km}{h}$	4,5 h	· 80
· 90	1 $\frac{km}{h}$	**360 h**	: 90
	90 $\frac{km}{h}$	**4 h**	

c)

: 12	12 Teile	30 g	· 12
· 15	1 Ganzes	**360 g**	: 15
	15 Teile	**24 g**	

d)

: 6	**6 Gläser**	0,2 ℓ	· 6
· 8	1 Glas	**1,2 ℓ**	: 8
	8 Gläser	**0,15 ℓ**	

7

: 32	bei 32 Schülern	6,30 € pro Schüler	· 32
· 28	bei 1 Schüler	201,6 € pro Schüler	: 28
	bei 28 Schülern	**7,20 € pro Schüler**	

Je weniger Personen mitfahren, desto höher ist der Preis pro Person.

Seite 50 8

:5 ↓	5 Zuflüsse	1,5 h	↓ ·5
·4 ↓	1 Zufluss	7,5 h	↓ :4
	4 Zuflüsse	1,875 h = **112,5 min**	

Seite 51 9 a)

Birnen x	1	2	3	**5**	8	9
Gewicht y in g	**150**	**300**	450	750	**1200**	**1350**

b)

Maler x	1	**2**	3	4	8	12
Arbeitszeit y in h	**12**	6	**4**	**3**	1,5	**1**

Tipp: In a) ist der Quotient y : x immer 150. In b) ist das Produkt x · y immer 12.

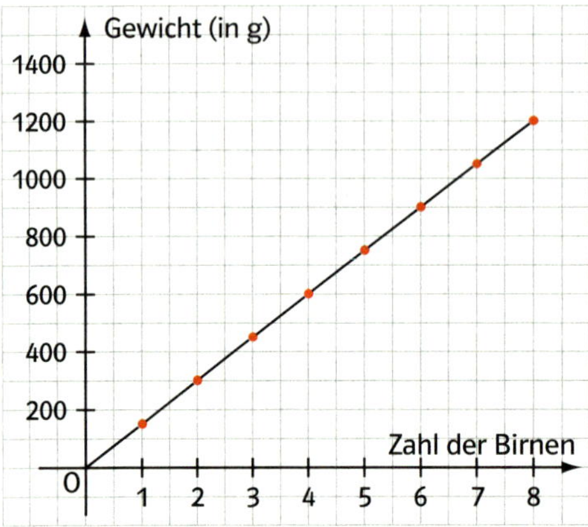

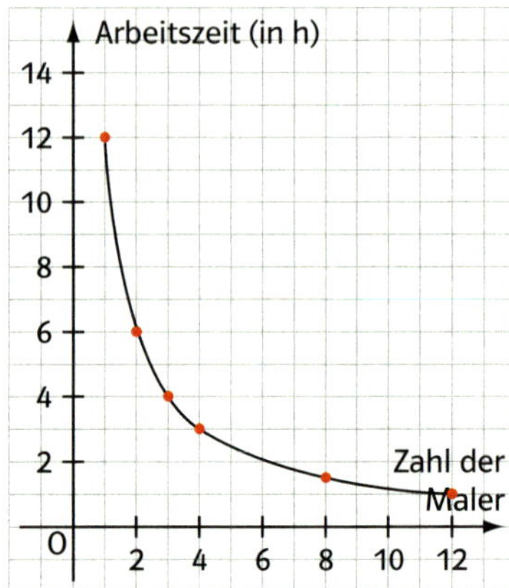

Seite 52 **Training plus**

33 Mit x → y. Der Größe x wird eine Größe y zugeordnet.

34 Je mehr …, desto mehr …

35 Je mehr …, desto weniger …

36 In die obere Zeile trägt man alle x-Werte ein. In der unteren Zeile stehen die y-Werte, die zu den jeweiligen x-Werten gehören.

37 Bei einer proportionalen Zuordnung ist der Quotient zwischen dem y- und dem x-Wert immer konstant.

38 Bei einer umgekehrt proportionalen Zuordnung ist das Produkt zwischen dem y- und dem x-Wert immer konstant.

39 Immer durch sich selbst. Es gilt: $a : a = 1$ (für $a \neq 0$)

40 Bei einer proportionalen Zuordnung muss man auf beiden Seiten des Dreisatzschemas die gleiche Rechenoperation durchführen (multiplizieren oder dividieren).

Bei einer umgekehrt proportionalen Zuordnung muss man auf beiden Seiten des Dreisatzschemas entgegengesetzte Rechenoperationen durchführen.

41 Indem man die einzelnen Wertepaare in ein Achsenkreuz einträgt und durch eine Gerade bzw. Hyperbel miteinander verbindet.

42 Bei einer proportionalen Zuordnung ist das entsprechende Schaubild eine Ursprungsgerade.

43 Bei einer umgekehrt proportionalen Zuordnung ist das entsprechende Schaubild eine Hyperbel.

Abschlusstest

Seite 53

1 a) Je **mehr** Kartoffeln man kauft, desto **schwerer** ist der Einkaufskorb. (proportional)
b) Je **höher** die Reisegeschwindigkeit, desto **kürzer** ist die Fahrtdauer. (umgekehrt proportional)
c) Je **mehr** Geld man hat, desto **mehr** Hemden kann man kaufen. (proportional)
d) Je **größer** der Benzinvorrat, desto **länger** ist die Reisestrecke, die man zurücklegen kann. (proportional)

2 a) **10 Birnen** b) **81 €**

3 a) **5,6 h** b) **5,1 h**

4 Seite 54

Strecke in km	25	80	120	**300**	350	**500**
Benzinverbrauch in ℓ	**1,5**	**4,8**	**7,2**	18	21	30

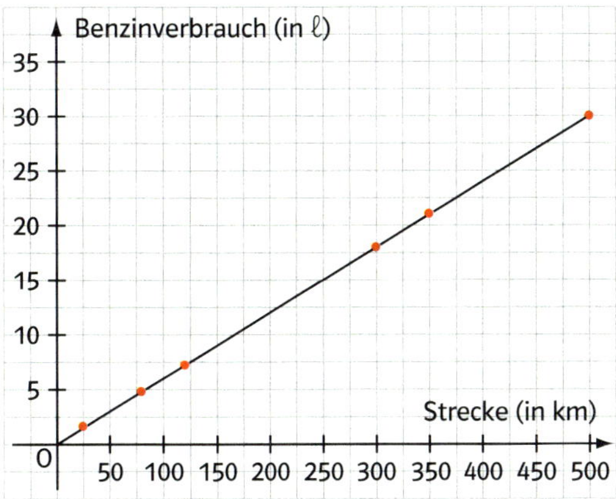

5

Breite eines Rechtecks in m	2	6	**6,4**	**8**	24	**48**
Länge eines Rechtecks in m	**48**	**16**	15	12	4	2

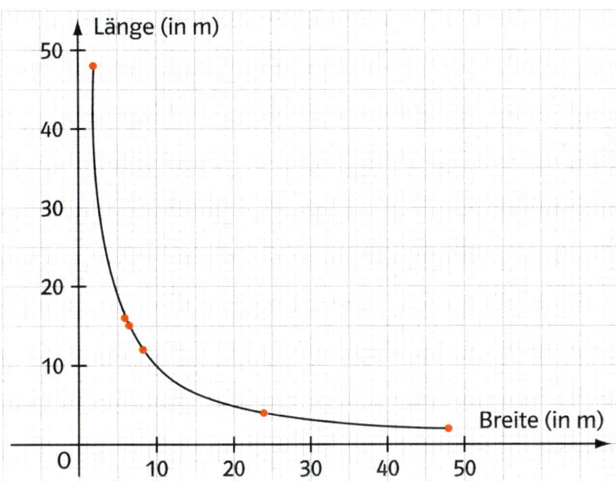

6 a) Die Zuordnung ist proportional. Für 1 € bekommt Herr Müller 1,52 \$ (= 2280 \$: 1500). Somit bekommt er für 2000 € den Dollarbetrag 3040 \$ (= 2000 · 1,52 \$). Seite 55

b) Die Zuordnung ist umgekehrt proportional. Bei einer täglichen Ausgabe von 1$ könnte Familie Müller 3040 Tage in den USA bleiben. Somit kann sie bei einer täglichen Ausgabe von 200$ nur 15,2 Tage (= 3040 Tage : 200), also 15 Tage bleiben.

7 a) Die Zuordnung ist umgekehrt proportional. Hätte eine Flasche 1ℓ Inhalt, wären 135 Flaschen (= 180 Fl. · 0,75) nötig. Bei 0,5-Liter-Flaschen braucht der Winzer somit 270 Flaschen (= 135 Fl. : 0,5).

b) Die Einnahmen bei 0,75 Literflaschen sind: $180 \cdot 3{,}95\,€ = 711\,€$.
Die Einnahmen bei 0,5 Literflaschen sind: $270 \cdot 2{,}95\,€ = 796{,}50\,€$.
Die Einnahmen wären um 85,50 € höher.

8 a) Die Zuordnung ist proportional. Täglich bindet der Baum $2400\,m^2 \cdot 1{,}5\,\frac{g}{m^2} = 3600\,g$.
In 6 Monaten (= 180 Tage) sind das $180 \cdot 3600\,g = 648\,000\,g = 648\,kg$.

b) Die Zuordnung ist proportional. Es wären 5 Bäume (= 3240 : 648) nötig.

32 – 26 Punkte	25 – 16 Punkte	unter 16 Punkte
sehr gut bis gut	befriedigend bis ausreichend	nicht mehr ausreichend

Kapitel 5

Aufgaben

Seite 57 1 a) 5 blaue Teile von insgesamt 8 Teilen sind $\frac{5}{8} = 0{,}625 = \mathbf{62{,}5\,\%}$

b) 15 rote Teile von insgesamt 25 Teilen sind $\frac{15}{25} = 0{,}60 = \mathbf{60\,\%}$

2 a) $\frac{1}{2} = \mathbf{50\,\%}$ b) $\frac{3}{4} = \mathbf{75\,\%}$ c) $\frac{2}{5} = \mathbf{40\,\%}$

d) $\frac{17}{25} = \mathbf{68\,\%}$ e) $\frac{9}{20} = \mathbf{45\,\%}$ f) $\frac{39}{50} = \mathbf{78\,\%}$

g) $\frac{1}{3} \approx \mathbf{33{,}33\,\%}$ h) $\frac{5}{6} \approx \mathbf{83{,}33\,\%}$ i) $\frac{7}{12} \approx \mathbf{58{,}33\,\%}$

3 a) $5\,\% = \frac{5}{100} = \mathbf{\frac{1}{20}}$ b) $20\,\% = \frac{20}{100} = \mathbf{\frac{1}{5}}$ c) $75\,\% = \frac{75}{100} = \mathbf{\frac{3}{4}}$

d) $40\,\% = \frac{40}{100} = \mathbf{\frac{2}{5}}$ e) $50\,\% = \frac{50}{100} = \mathbf{\frac{1}{2}}$ f) $90\,\% = \frac{90}{100} = \mathbf{\frac{9}{10}}$

g) $12{,}5\,\% = \frac{12{,}5}{100} = \frac{125}{1000} = \mathbf{\frac{1}{8}}$ h) $7{,}25\,\% = \frac{7{,}25}{100} = \frac{725}{10\,000} = \mathbf{\frac{29}{400}}$

i) $66{,}\overline{6}\,\% = 66\,\% + \mathbf{\frac{2}{3}}\,\% = \frac{66}{100} + \frac{2}{300} = \mathbf{\frac{2}{3}}$ j) $33{,}\overline{3}\,\% = 33\,\% + \frac{1}{3}\,\% = \frac{33}{100} + \frac{1}{300} = \mathbf{\frac{1}{3}}$

Seite 58 4 a) 20 % b) 33,33 % c) 90 % d) 7,5 %

Seite 59 5 a) 87 Schüler b) 27 Lehrer c) 3 Computer d) 25,2 Mio. Wähler

6 a) 350 Autos b) 40 Schüler c) 9454,55 € d) 1000 Fische

7 20 % von 270 ml sind **54 ml**. Eine neue Flasche enthält somit **324 ml**.

8 180 € von 2400 € sind **7,5 %**.

9 Es gibt insgesamt **85 Gymnasien** (= Grundwert) in diesem Landkreis.

10 In einem Säulendiagramm mit den Maßstab 1 % ≙ 1 mm sind die Säulenhöhen:
Essen, Getränke: 23 % ≙ 2,3 cm; Miete: 35 % ≙ 3,5 cm; Auto + Verkehrsmittel: 17 % ≙ 1,7 cm; Kleidung: 9 % ≙ 0,9 cm; Sonstiges: 16 % ≙ 1,6 cm.

Seite 61

In einem Kreisdiagramm sind die Winkel der Kreisausschnitte: Essen, Getränke (E): 23 % ≙ 82,8°; Miete (M): 35 % ≙ 126°; Auto + Verkehr (A): 17 % ≙ 61,2°; Kleidung (K): 9 % ≙ 32,4°; Sonstiges (S): 16 % ≙ 57,6°. (Grafiken verkleinert)

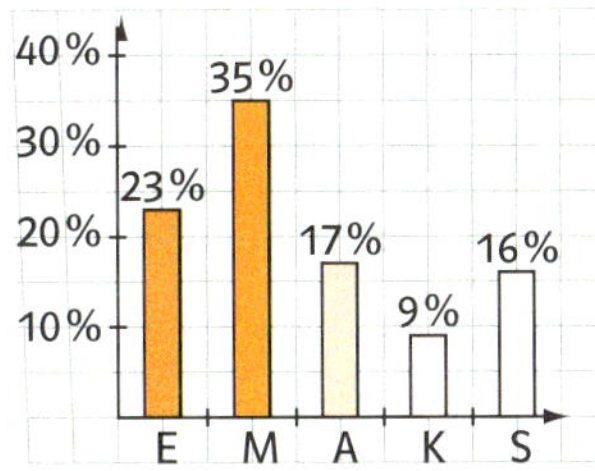

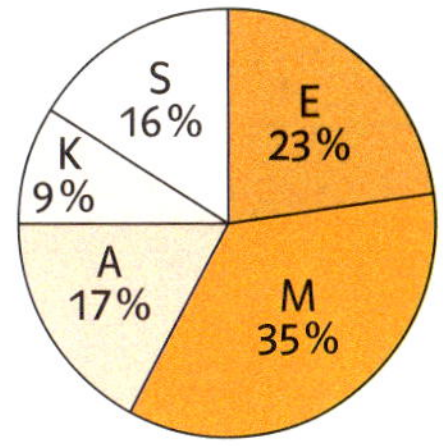

11 a) Mit $\frac{3}{8}$ ≙ 37,5 % und $\frac{1}{10}$ ≙ 10 % ergibt die Summe der angegebenen Anteile 25 % + 37,5 % + 12,5 % + 10 % = 85 %. Somit muss der fehlende Anteil **15 %** betragen (= 100 % – 85 %).

b) 15 % entspricht im Kreisdiagramm einem Winkel von **54°** (≙ 15 · 3,6°).

c) Streifendiagramm (1 % ≙ 1 mm):

Seite 62

12 a) Mit $\frac{1}{8}$ ≙ 12,5 % und $\frac{2}{5}$ ≙ 40 % ist die Summe der angegebenen Anteile: 40 % + 14,5 % + 12,5 % = 67 %. Somit muss der fehlende Anteil 33 % betragen (= 100 % – 67 %).

b) Wenn 33 % den 1221 Stimmen entsprechen, ist der Grundwert (= alle abgegebenen Stimmen) **3700 Stimmen**.

c) Kreisdiagramm siehe rechts. 40 % ≙ 144° (A); 33 % ≙ 118,8° (B); 14,5 % ≙ 52,2° (C); 12,5 % ≙ 45°

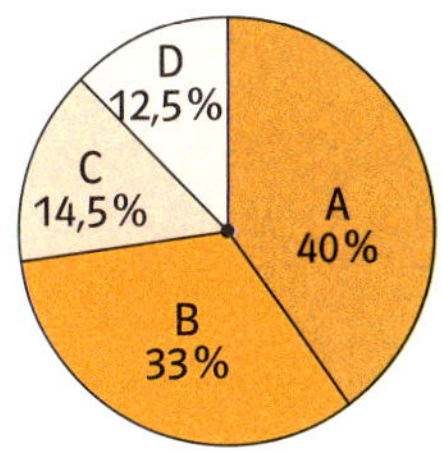

13 a) Mit $\frac{3}{8}$ = 37,5 % ist die Summe der angegeben Prozentsätze: 7,5 % + 35 % + 37,5 % = 80 %. Somit müssen die 45 Schüler einem Prozentsatz von **20 %** entsprechen.

b) Aus 20 % ≙ 45 Schüler folgt: 100 % ≙ **225 Schüler**.

c) Kreisdiagramm:
Den Prozentsätzen entsprechen folgende Winkel:
7,5 % ≙ 27° (Mathematik); 35 % ≙ 126° (Deutsch);
37,5 % ≙ 135° (Englisch); 20 % ≙ 72° (Französisch).

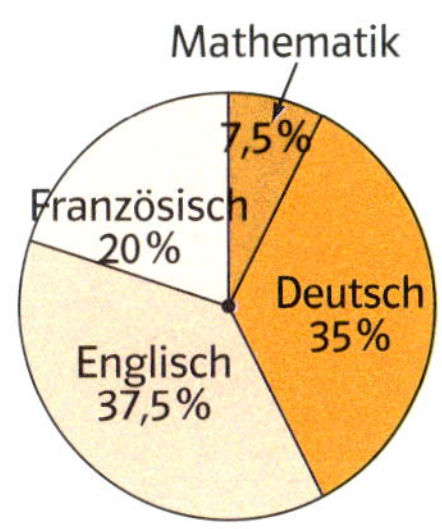

Training plus

Seite 63

44 Die ganze Pizza entspricht dem Grundwert. Ein Stück davon entspricht dem Prozentwert.

45 Die Prozentzahl p ist der Zähler, im Nenner steht 100. Danach versucht man, den Bruch $\frac{p}{100}$ soweit wie möglich zu kürzen.

46 Man rechnet den Bruch in einen Dezimalbruch um und multipliziert anschließend mit 100. Das Ergebnis ist die Prozentzahl p.

47 Man multipliziert den Quotient *„Prozentwert durch Grundwert"* mit 100 %.

48 Man kann die Größe der Anteile leichter miteinander vergleichen.

49 100 %

50 immer auf die rechte Seite

51 für den entsprechenden Prozentsatz

52 1 mm sollte 1 % entsprechen. Dann wird das Erstellen der Diagramme besonders einfach.

53 Indem man die Prozentzahl p mit 3,6° multipliziert.

54 Man berechnet die Summe aller anderen Prozentsätze. Der fehlende Prozentsatz ist dann der Rest, der zu 100 % noch fehlt.

Seite 64 **Abschlusstest**

1 a) $\frac{1}{4}$ = **25 %** b) $\frac{7}{40}$ = **17,5 %** c) $\frac{13}{20}$ = **65 %** d) $\frac{1}{6}$ = **$16,\overline{6}$ %**

2 24 % von 45,50 € sind **10,92 €**.
Damit kostet die Jeanshose nach der Ermäßigung nur noch **34,58 €**.

3 1,5 Liter Cola wiegen ca. 1500 g. 10 % Zucker davon sind **150 g**.

4 450 € von 6250 € sind **7,2 %**.

5 In einem Säulendiagramm mit den Maßstab 1 % ≙ 1 mm sind die Säulenhöhen:
Kandidat A: 1,7 cm;
Kandidat B: 3,8 cm;
Kandidat C: 1,5 cm;
Kandidat D: 3,0 cm.
Im Kreisdiagramm sind die entsprechenden Winkel:
Kandidat A: 17 % ≙ **61,2°**;
Kandidat B: 38 % ≙ **136,8°**;
Kandidat C: 15 % ≙ **54°**;
Kandidat D: 30 % ≙ **108°**.

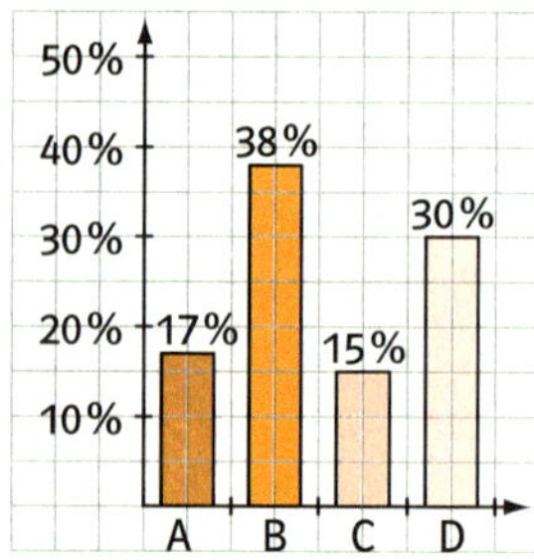

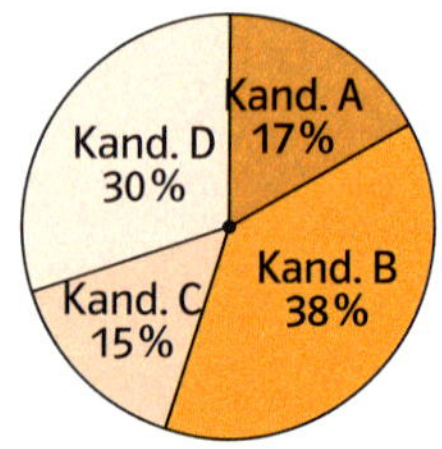

(Grafiken verkleinert)

Seite 65 6 a) Das gesamte Müllaufkommen eines Bürgers beträgt **190,5 kg** im Jahr.
Dies ist der Grundwert. Für die einzelnen Prozentsätze ergibt sich somit:
Papier: 67,5 kg von 190,5 kg ≙ **35,4 %**;
Glas: 53,7 kg von 190,5 kg ≙ **28,2 %**;
Holz: 26,0 kg von 190,5 kg ≙ **13,6 %**;
Kunststoff: 20,7 kg von 190,5 kg ≙ **10,9 %**;
Metall: 15,6 kg von 190,5 kg ≙ **8,2 %**;
Verbund: 7 kg von 190,5 kg ≙ **3,7 %**.

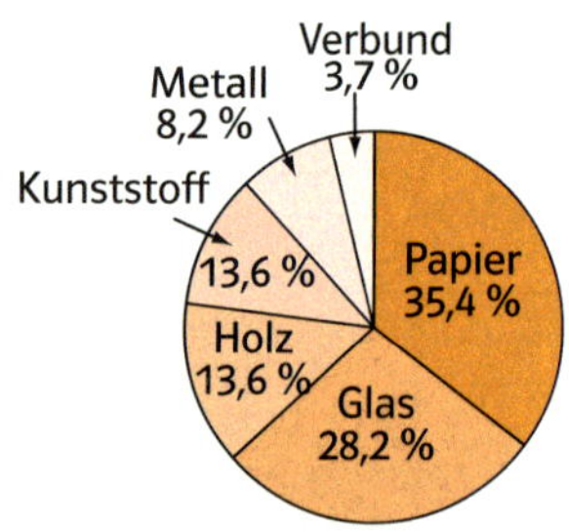

b) Im Kreisdiagramm sind die entsprechenden Winkel:
Papier: 35,4 % ≙ **127,4°**; Glas: 28,2 % ≙ **101,5°**;
Holz: 13,6 % ≙ **49°**; Kunststoff: 10,9 % ≙ **39,2°**;
Metall: 8,2 % ≙ **29,5°**; Verbund: 3,7 % ≙ **13,3°**.

7 a) Wenn 31 % 139,5 Mrd. kWh entsprechen, dann entsprechen 1 % 4,5 Mrd. kWh.
Somit erhält man für die anderen Energieträger:
Steinkohle: 26 % ≙ **117 Mrd. kWh**; erneuerbare Energien: 18 % ≙ **81 Mrd. kWh**;
Kernkraft: 25 % ≙ **112,5 Mrd. kWh**.
b) Durch Steinkohle und Braunkohle wurden zusammen 256,5 Mrd. kWh (= 139,5 + 117) Strom erzeugt.
Das entspricht einer Menge Kohlendioxid von
256,5 Mrd. · 0,614 kg = 157,5 Mrd. kg = **157 500 000 000 kg**.

20 – 16 Punkte	15 – 10 Punkte	unter 10 Punkte
sehr gut bis gut	befriedigend bis ausreichend	nicht mehr ausreichend

Kapitel 6: Winkel messen und zeichnen

Aufgaben

Seite 66 1 1 Stunde entspricht 30°. Dann hat sich der kleine Zeiger bei 2 Uhr **um 60°** gedreht.
bei 6 Uhr: **180°**; bei 10 Uhr: **300°**

2

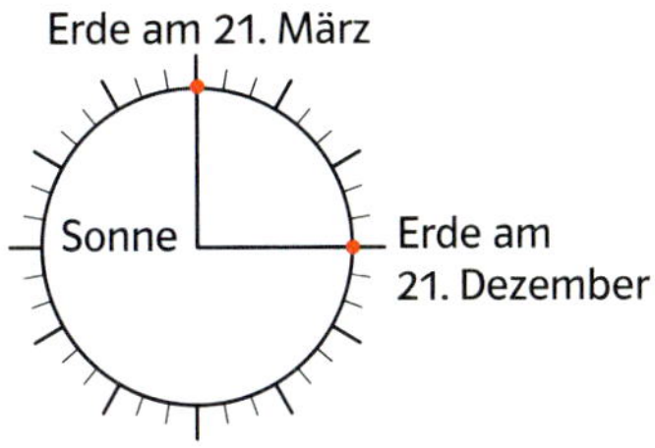

Am 21. März hat sich die Erde gegenüber der Position am 21. Dezember um **90°** weitergedreht.

3 a) $\alpha = \sphericalangle$ **BAC**; $\beta = \sphericalangle$ **CBA**; $\gamma = \sphericalangle$ **ACB** b) $\alpha = \sphericalangle$ **RQT**; $\beta = \sphericalangle$ **SRQ**; $\gamma = \sphericalangle$ **TSR**; $\delta = \sphericalangle$ **QTS** **Seite 68**

4

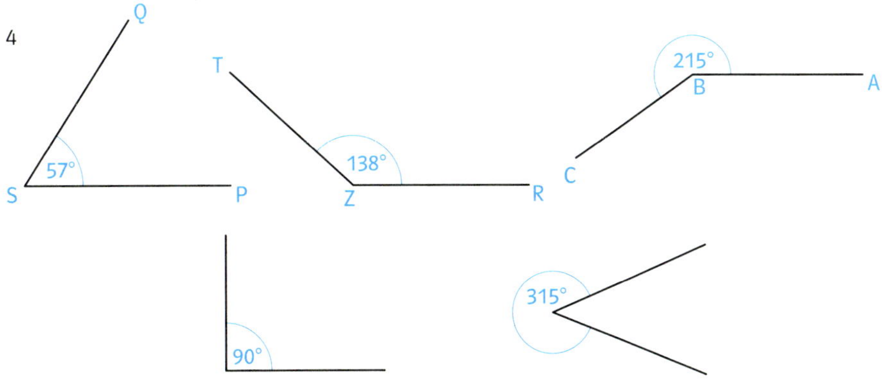

5 $\alpha = 21°$; $\beta = 200°$

6 a) spitz; 62° b) überstumpf; 249° c) stumpf; 106° **Seite 69**
d) rechter Winkel; 90° e) überstumpf; 270° f) stumpf; 155°

7 a) $\delta = 53°$; $\gamma = \varepsilon = 180° - 53° = 127°$; Scheitelwinkel sind: ($\gamma$ und ε); (δ und 53°). **Seite 70**
b) $\gamma = 14°$; $\alpha = 63°$; $\delta = \beta = 180° - (14° + 63°) = 103°$.
Scheitelwinkel sind: (γ und 14°); (α und 63°); (δ und β).
c) $\alpha = = 180° - 120° = 60°$; $\varepsilon = \alpha = 60°$; $\delta = \varepsilon = 60°$;
$\beta = 180° - 60° = 120°$; $\gamma = \beta = 120°$.
Scheitelwinkel sind: (γ und β); (ε und δ).
Stufenwinkel sind (α und ε); (β und 120°).
Wechselwinkel sind (α und δ); (γ und 120°).

8 a) $38° + 60° + 82° = 180°$
$142° + 120° + 98° = 360°$

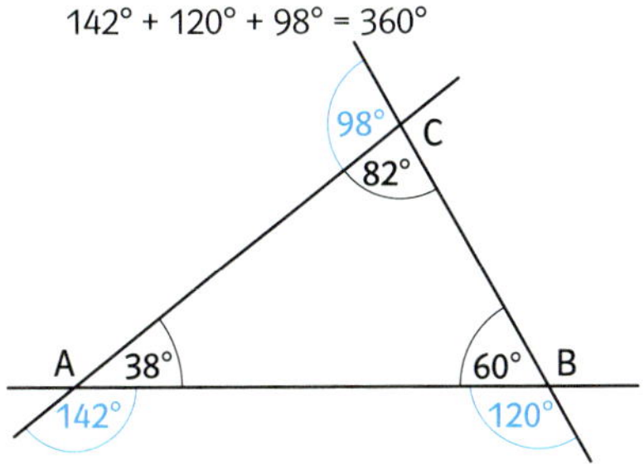

b) $27° + 96° + 57° = 180°$ **Seite 71**
$153° + 84° + 123° = 360°$

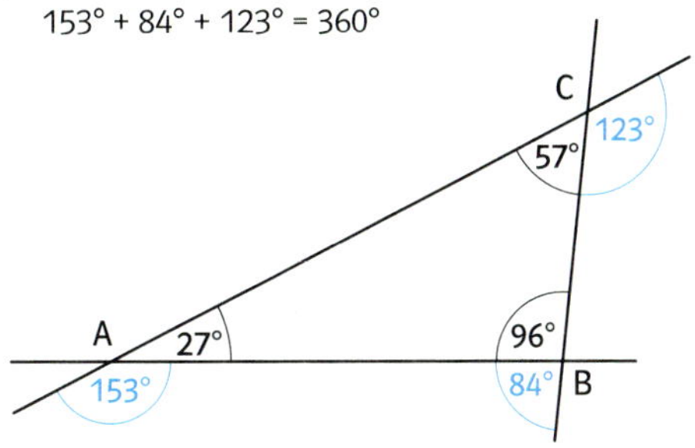

9 a) $\gamma = 180° - (23° + 85°) = 72°$

b) $\alpha = 180° - 147° = 33°$
$\beta = 180° - 165° = 15°$
$\gamma = 180° - (33° + 15°) = 132°$
$\gamma' = \gamma = 132°$

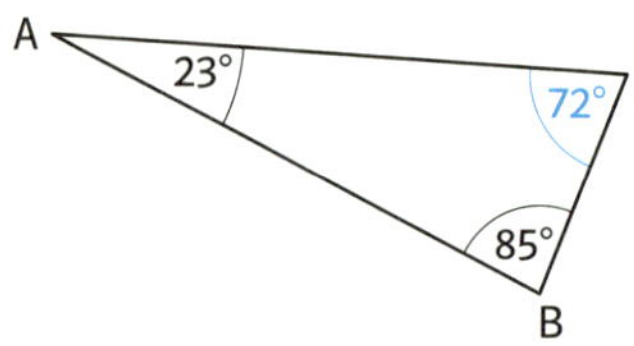

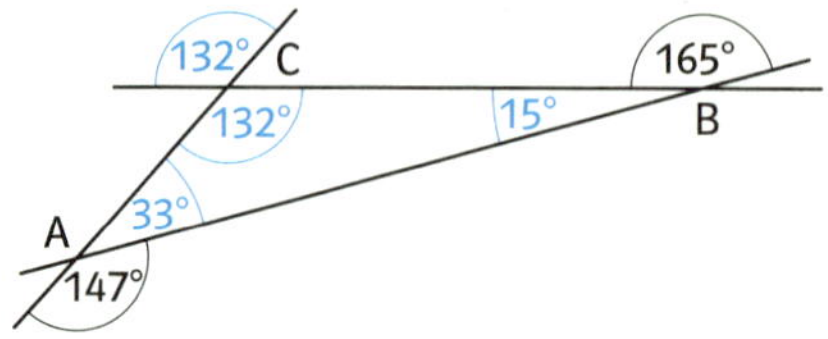

c) $\alpha = 180° - (25° + 72°) = 83°$
$\alpha' = 180° - 83° = 97°$
$\beta' = 180° - 25° = 155°$
$\gamma' = 180° - 72° = 108°$

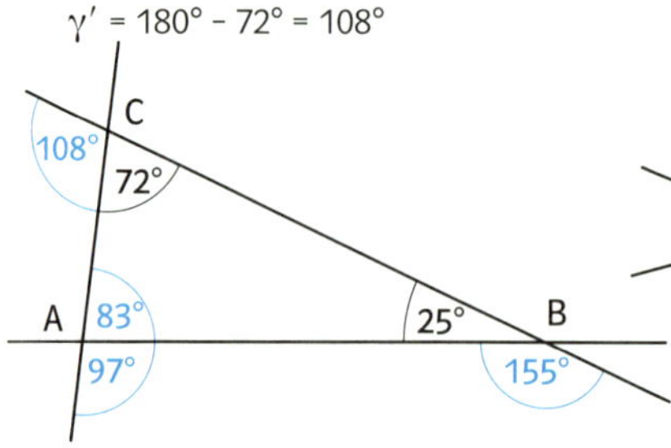

d) $\alpha' = 180° - 43° = 137°$
$\beta = 37°;\ \beta' = 180° - 37° = 143°$
$\gamma = 180° - (43° + 37°) = 100°$
$\gamma' = 180° - 100° = 80°$

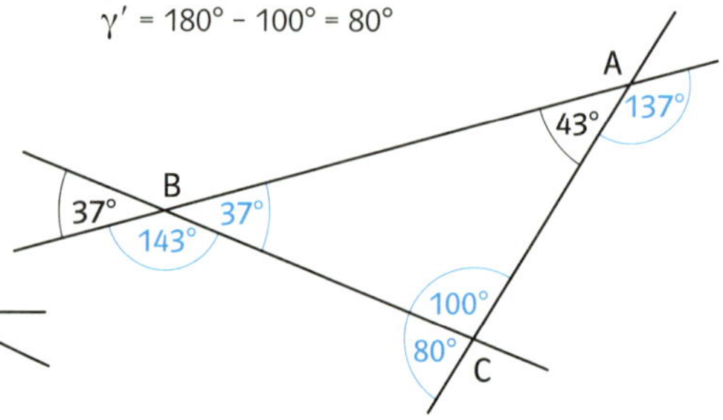

Seite 72 **Training plus**

55 In 360 gleich lange Abschnitte. Die Maßeinheit ist Grad (1°).

56 Ja. Diese werden in der Mathematik bevorzugt.

57 Weil die Skala des Geodreiecks bei 180° aufhört. Bei einem Winkel α, der größer als 180° ist, muss man zuerst den Winkel $(360° - \alpha)$ zeichnen.

58 alpha: α; beta: β; gamma: γ; delta: δ; epsilon: ε

59 Mit dem Symbol „∢" und drei Großbuchstaben. Zum Beispiel ∢ ABC. Darin ist der Punkt B der Scheitel des Winkels, die Punkte A und C liegen auf den beiden Schenkeln.

60 Ein *rechter Winkel* ist immer 90°. Man beschreibt ihn, indem man in einen Viertelkreisbogen einen Punkt setzt.

61 An der Kreuzung zweier Geraden.

62 An den Kreuzungen zweier Geraden mit zwei weiteren, parallelen Geraden.

63 Die Summe der Innenwinkel eines Dreiecks ergibt immer 180°.

64 Die Summe der Außenwinkel eines Dreiecks ergibt immer 360°.

65 Ein Innenwinkel und sein anliegender Außenwinkel sind Nebenwinkel. Somit ist ihre Summe 180°.

Seite 73 **Abschlusstest**

1 a) 328° b) 117° c) 233° d) 10°

2

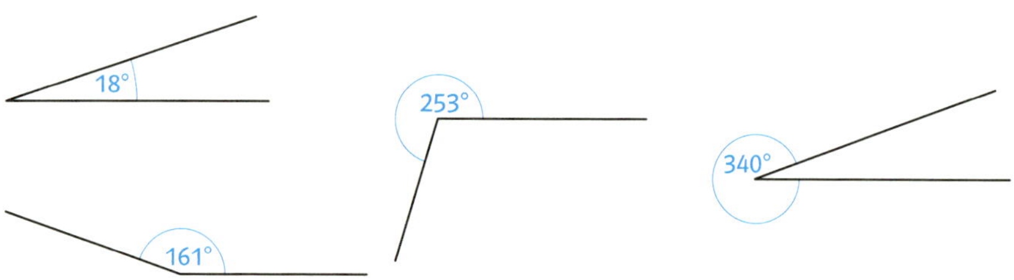

Seite 74

3 Voll- bzw. Nullwinkel: **360°** bzw. **0°**,
spitzer Winkel: **$0° < \alpha < 90°$**,
rechter Winkel: **90°**,
gestreckter Winkel: **180°**,
stumpfer Winkel: **$90° < \alpha < 180°$**,
überstumpfer Winkel: **$180° < \alpha < 360°$**

4 ∢ CBA = 60°; ∢ BCD = 247°;
∢ ADC = 129°; ∢ ABC = 300°
∢ CBA: spitz
∢ BCD: überstumpf
∢ ADC: stumpf
∢ ABC: überstumpf

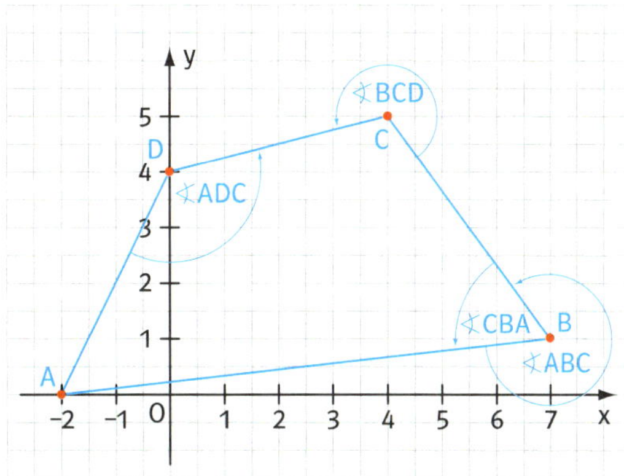

5 a)

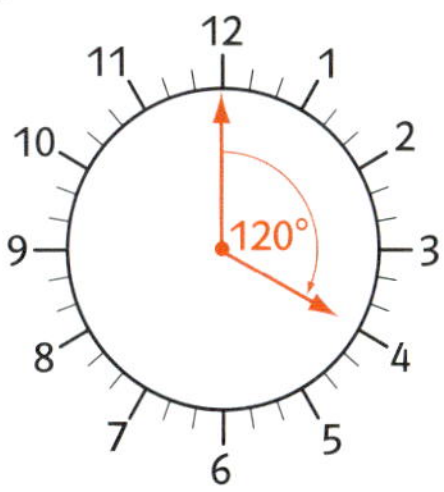

stumpfer Winkel

b)

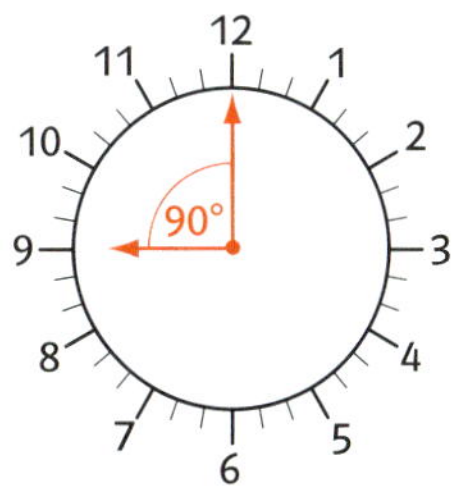

rechter Winkel

c)

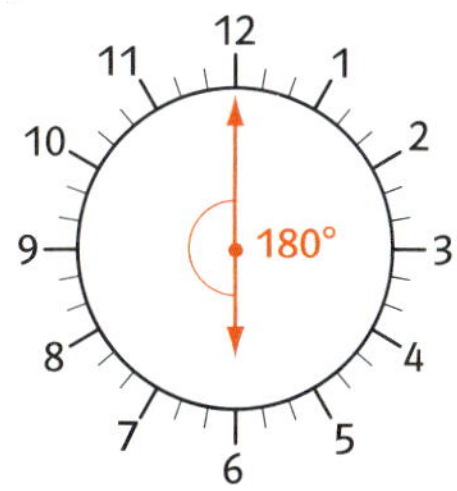

gestreckter Winkel

6 a) 210°: **7 Uhr**; 45°: **13.30 Uhr**
b) Ulis Schultag dauert **6,5 Stunden**.

Seite 75

7 a) $\alpha = 90° - 29° = 61°$
b) $\gamma = 58°$; $\alpha = \beta = 180° - 58° = 122°$;
c) $\gamma = 19°$; $\beta = 180° - (33° + 19°) = 128°$
d) $\gamma = 72°$; $\beta = 180° - 127° = 53°$;
$\alpha = 180° - (72° + 53°) = 55°$; $\delta = 180° - 55° = 125°$
e) $\beta = 38°$; $\alpha = 27°$; $\gamma = 180° - (38° + 27°) = 115°$;
f) $\alpha = 23° + 51° = 74°$ (siehe Grafik rechts)

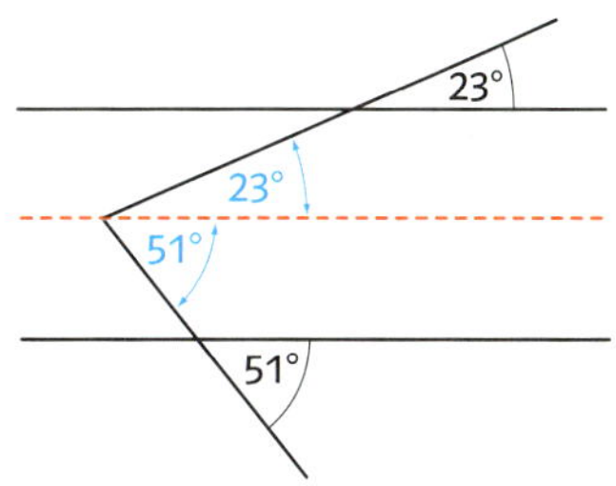

8 a) α' ist Wechselwinkel zu α.
β' ist Wechselwinkel zu β.
Es gilt also $\alpha' = \alpha$ und $\beta' = \beta$
b) Beim Punkt C bilden die Winkel α', β' und γ einen gestreckten Winkel.
Es gilt also:
$\alpha' + \beta' + \gamma = 180°$ und mit $\alpha' = \alpha$ und $\beta' = \beta$ erhält man: **$\alpha + \beta + \gamma = 180°$.**

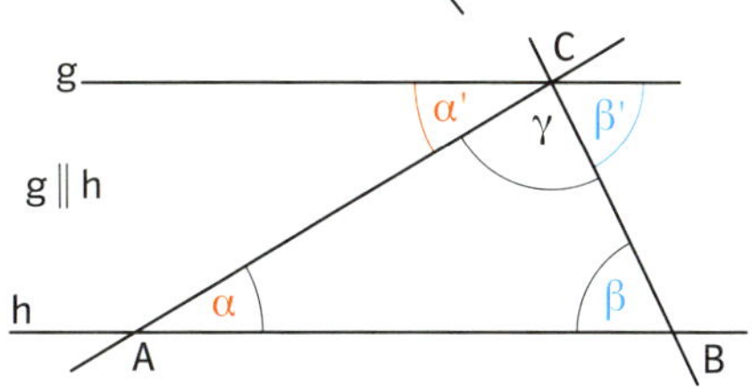

34 – 25 Punkte	24 – 15 Punkte	unter 15 Punkte
sehr gut bis gut	befriedigend bis ausreichend	nicht mehr ausreichend

Kapitel 7: Flächen und Umfang

Aufgaben

Seite 76

1 a) A = 5 cm · 2 cm = **10 cm²** (40 Kästchen); **u = 2 · 5 cm + 2 · 2 cm = 14 cm**
b) A = 2,5 cm · 2,5 cm = **6,25 cm²** (25 Kästchen); **u = 4 · 2,5 cm = 10 cm**

Seite 77

2 a) **A = 56,95 cm²; u = 30,4 cm** b) **A = 72,96 m²; u = 40 m**
c) **A = 88,36 dm²; u = 37,6 dm.**

3 a) Zaunlänge: 156,4 m. Damit kostet der Zaun 156,4 · 12,50 € = **1955 €**.
b) Flächeninhalt: 1485,25 m²; Zahl der Kühe = 1485,25 : 200 = 7,4 ≈ **7 Kühe**

4 a) Wandfläche: 18,75 m² – 1,2 m² = **17,55 m²**
Dazu braucht Herbert 17,55 : 4 = 4,39 Eimer Farbe, also **5 Eimer**.
b) Der Preis dafür ist 5 · 15,60 € = **78 €**

Seite 78

5 a) $A = \frac{1}{2} \cdot 5\,\text{cm} \cdot 3\,\text{cm}$ = **7,5 cm²** (30 Kästchen);
b) $A = \frac{1}{2} \cdot 3\,\text{cm} \cdot 2{,}5\,\text{cm}$ = **3,75 cm²** (15 Kästchen);

Seite 79

6 a) $A = \frac{1}{2} \cdot 14\,\text{m} \cdot 6{,}8\,\text{m}$ = **47,6 m²**; **u = 34,3 m**
b) $A = \frac{1}{2} \cdot 3{,}2\,\text{dm} \cdot 3{,}9\,\text{dm}$ = **6,24 dm²**; **u = 14,5 dm**
c) $A = \frac{1}{2} \cdot 2{,}7\,\text{cm} \cdot 5{,}1\,\text{cm}$ = **6,885 cm²**; **u = 13,6 cm**

7 a) Flächeninhalt des Rechtecks:
7,5 cm · 4,2 cm = **31,5 cm²**.
Flächeninhalt des Dreiecks:
$\frac{1}{2} \cdot 7{,}5\,\text{cm} \cdot 4{,}2\,\text{cm}$ = **15,75 cm²**. Das ist halb so groß wie die Rechteckfläche.
b) Die Rechteckfläche ist
$2 \cdot A_1 + 2 \cdot A_2 = 2 \cdot (A_1 + A_2)$,
die Dreieckfläche ist $A_1 + A_2$. Somit ist die Dreieckfläche nur halb so groß wie die Rechteckfläche.

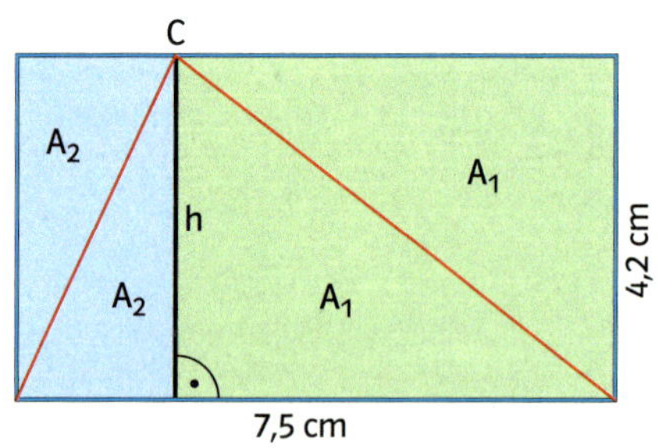

8 Die Dachfläche besteht aus vier identischen Dreiecken mit jeweils der Fläche 8,75 m² ($= \frac{1}{2} \cdot 5\,\text{m} \cdot 3{,}5\,\text{m}$). Somit ist die Gesamtfläche = 4 · 8,75 m² = **35 m²**. Die Materialkosten dafür betragen 35 · 27,50 € = **962,50 €**.

Seite 80

9 a) A = 9,4 m · 3,5 m = **32,9 m²**; **u = 28,2 m**
b) A = 6,3 cm · 12,8 cm = **80,64 cm²**; **u = 49 cm**
(Beachte: 1,28 dm = 12,8 cm)

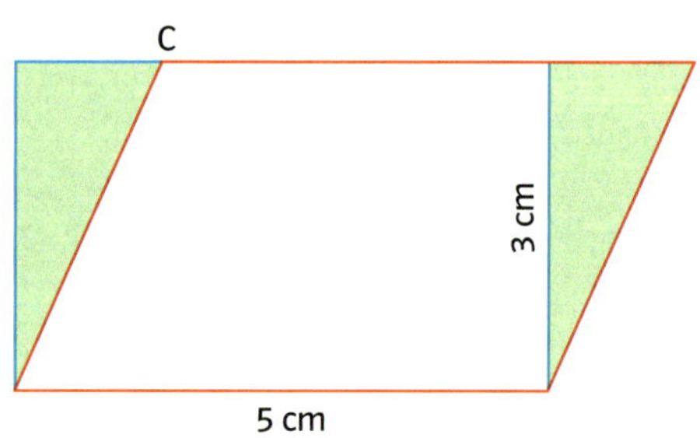

10 Rechteckfläche: 15 cm²;
Parallelogrammfläche: 15 cm². Beide Flächen sind gleich groß.
Wenn man vom Rechteck das grüne Dreieck abschneidet und an der anderen Seite anfügt, erhält man das Parallelogramm.

11 Die Strecke d erhält man, indem man eine Parallele zu b mit Abstand 1 cm zeichnet.
In der Skizze sind: 24 m ≙ 2,4 cm; 30 m ≙ 3,0 cm; 5 m ≙ 0,5 cm; 21 m ≙ 2,1 cm und 10 m ≙ 1 cm.

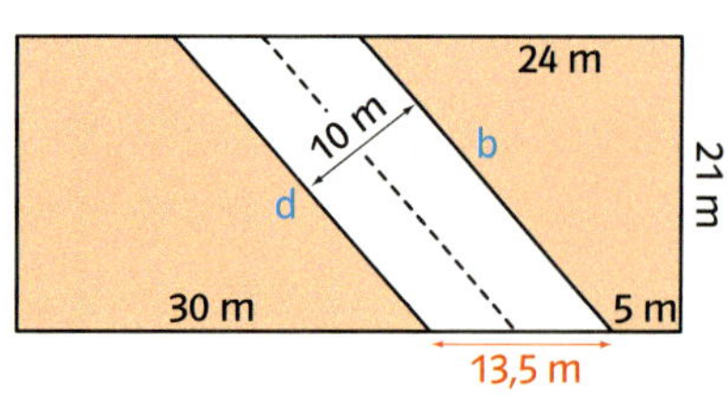

Der Zeichnung entnimmt man, dass die Grundseite des Parallelogramms **1,35 cm** lang ist. Das entspricht 13,5 m. Somit ist der Flächeninhalt der Straße (= Parallelogramm): 13,5 m · 21 m = **283,5 m²**.

12 a) $A = \frac{1}{2} \cdot (5{,}5\,cm + 3\,cm) \cdot 2{,}5\,cm = \mathbf{10{,}625\,cm^2}$ (42,5 Kästchen); Seite 81
b) Beachte, dass das Trapez um 90° gedreht ist und seitlich liegt.
$A = \frac{1}{2} \cdot (2{,}5\,cm + 1{,}5\,cm) \cdot 4\,cm = \mathbf{8\,cm^2}$ (32 Kästchen);

13 a) $A = \frac{1}{2} \cdot (5{,}9\,cm + 2{,}8\,cm) \cdot 3\,cm = \mathbf{13{,}05\,cm^2}$; $\mathbf{u = 16{,}7\,cm}$
b) Trapez liegt seitlich! $A = \frac{1}{2} \cdot (5{,}2\,m + 2\,m) \cdot 7{,}8\,m = \mathbf{28{,}08\,m^2}$; $\mathbf{u = 23{,}4\,m}$
c) $A = \frac{1}{2} \cdot (47\,cm + 21\,cm) \cdot 102\,cm = \mathbf{3468\,cm^2 = 34{,}68\,dm^2}$; $\mathbf{u = 295\,cm = 29{,}5\,dm}$

14 Inhalt der Querschnittsfläche $= \frac{1}{2} \cdot (20{,}5\,m + 3{,}5\,m) \cdot 6{,}7\,m = \mathbf{80{,}4\,m^2}$

15 a) $A = \frac{1}{2} \cdot 7{,}6\,cm \cdot 12{,}4\,cm = \mathbf{47{,}12\,cm^2}$; $\mathbf{u = 29{,}6\,cm}$ Seite 82
b) $A = \frac{1}{2} \cdot 8{,}2\,m \cdot 4{,}1\,m = \mathbf{16{,}81\,m^2}$; $\mathbf{u = 18{,}4\,m}$
c) $A = \frac{1}{2} \cdot 32\,cm \cdot 106\,cm = \mathbf{1696\,cm^2}$; $\mathbf{u = 224\,cm}$

16 Pauls Drachen hat den Flächeninhalt: $\frac{1}{2} \cdot 38\,cm \cdot 70\,cm = \mathbf{1330\,cm^2}$.
Martins Drachen hat den Flächeninhalt: $\frac{1}{2} \cdot 45\,cm \cdot 62\,cm = \mathbf{1395\,cm^2}$.
Martins Drachen ist somit größer. Paul hat nicht recht!

17 $A = 6 \cdot \frac{1}{2} \cdot 1{,}5\,cm \cdot 1{,}3\,cm = 5{,}85\,cm^2$ Seite 83

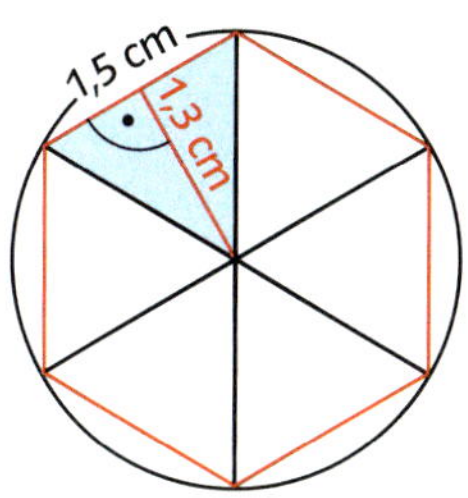

18 a) $A_1 = 2\,cm^2$;
$A_2 = 6\,cm^2$;
$A_3 = 3\,cm^2$;
$A_4 = 3\,cm^2$;
$A_5 = 14\,cm^2$;
$A_6 = 4\,cm^2$;
Gesamtfläche = 32 cm²

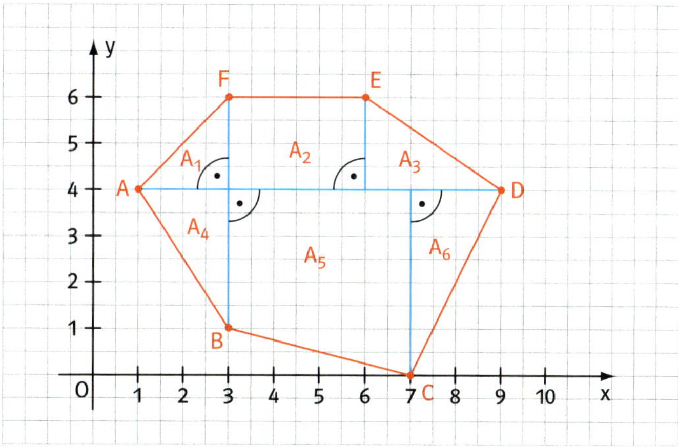

19 Kreisfläche: Seite 84
$\pi \cdot (2\,cm)^2$
$\approx 12{,}56\,cm^2$.
Das sind etwas mehr als 50 Kästchen.

20 a) $A = 78{,}5\,cm^2$, $u = 31{,}4\,cm$ b) $A = 227\,m^2$, $u = 53{,}4\,m$ c) $A = 201\,cm^2$, $u = 50{,}2\,cm$ d) $A = 1017{,}4\,mm^2$, $u = 113\,mm$

21 a) Die Figur besteht aus einem Halbkreis und einem Rechteck. Der Radius des Halbkreises ist $r = 5\,cm$. Somit folgt:
Flächeninhalt: $A = \pi \cdot (5\,cm)^2 : 2 + 7{,}5\,cm \cdot 10\,cm = 39{,}25\,cm^2 + 75\,cm^2 = \mathbf{114{,}25\,cm^2}$
Umfang: $u = 2 \cdot \pi \cdot 5\,cm : 2 + 2 \cdot 7{,}5\,cm + 10\,cm = 15{,}7\,cm + 25\,cm = \mathbf{40{,}7\,cm}$

b) Die Figur besteht aus einem Halbkreis und einem Dreieck. Der Radius des Halbkreises ist $r = 12{,}5\,cm$. Somit folgt:
Flächeninhalt $A = \pi \cdot (12{,}5\,cm)^2 : 2 + \frac{1}{2} \cdot 25\,cm \cdot 30\,cm = 245{,}3\,cm^2 + 375\,cm^2 =$ **620,3 cm²**;
Umfang $u = 2\pi \cdot 12{,}5\,cm : 2 + 2 \cdot 32{,}5\,cm = 39{,}25\,cm + 65\,cm =$ **104,25 cm**.

22 Kreise mit 4 cm Durchmesser: $\left[\frac{1}{2} + \frac{1}{4} + 1\right] \cdot ((2\,cm)^2 \cdot \pi) = 1{,}75 \cdot 12{,}56\,cm^2 = 21{,}98\,cm^2$
Kreise mit 2,5 cm Durchmesser: $\left[\frac{1}{2} + \frac{1}{2} + 1\right] \cdot ((1{,}25\,cm)^2 \cdot \pi) = 2 \cdot 4{,}91\,cm^2 = 9{,}82\,cm^2$
Die Fläche aller Löcher ist $31{,}80\,cm^2$.
Die Rechteckfläche ist $9\,cm \cdot 15\,cm = 135\,cm^2$ (100 %).
Damit ist der prozentuale Anteil der Löcher **23,6 %**. Susi hat also übertrieben.

Seite 85

Training plus

66 Flächeninhalt eines Rechtecks: $A = \text{Länge} \cdot \text{Breite} = a \cdot b$
Flächeninhalt eines Quadrats: $A = \text{Seitenlänge} \cdot \text{Seitenlänge} = a \cdot a = a^2$

67 Flächeninhalt eines beliebigen Dreiecks: $A = \frac{1}{2} \cdot \text{Grundseite} \cdot \text{Höhe} = \frac{1}{2} \cdot g \cdot h$

68 Bei der Flächenberechnung rechtwinkliger Dreiecke kann man die beiden kurzen Seiten als Grundseite bzw. Höhe betrachten.

69 Man muss die Grundseite verlängern, weil die Höhe außerhalb des Dreiecks liegt.

70 Flächeninhalt eines Parallelogramms: $A = \text{Grundseite} \cdot \text{Höhe} = g \cdot h$

71 Flächeninhalte eines Trapezes: $A = \frac{1}{2} \cdot (a + c) \cdot h$

72 Flächeninhalt eines Drachens: $A = \frac{1}{2} \cdot e \cdot f$

73 Man zerlegt es in gleichschenklige, identische Dreiecke, deren Spitze jeweils der Mittelpunkt des Umkreises des Vielecks ist. Anschließend berechnet man die Fläche eines dieser Dreiecke und multipliziert das Ergebnis mit der Zahl der Ecken.

74 Erste Möglichkeit: Man zeichnet eine Standlinie und zerlegt von dort aus das Vieleck in rechtwinklige Dreiecke.
Zweite Möglichkeit: Man unterteilt das Vieleck in allgemeine Dreiecke, indem man eine Ecke des Vielecks mit allen anderen Ecken verbindet.

75 Der Umfang eines beliebigen Vielecks ist immer die Summe seiner Seitenlängen.

76 Flächeninhalt eines Kreises: $A = \pi \cdot r^2$; Umfang eines Kreises: $u = 2 \cdot \pi \cdot r$

Abschlusstest

Seite 86

1 a) Schlafzimmer = $8{,}75\,m^2$
Bad = $6{,}25\,m^2$
Flur = $7{,}5\,m^2 + 3{,}75\,m^2 = 11{,}25\,m^2$
Küche = $8{,}75\,m^2$
Wohnzimmer = $20\,m^2$
Gesamtfläche = 55 m²
Miete = 398,75 €
oder:
$A = 10{,}5\,cm \cdot 5\,m + 2{,}5\,m \cdot 1\,m$
$= 52{,}5\,m^2 + 2{,}5\,m^2 = 55\,m^2$

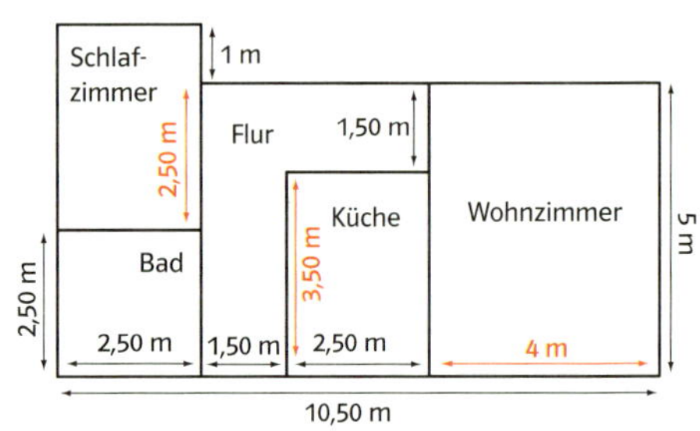

b) Teppichfläche: $55\,m^2 - (6{,}25\,m^2 + 8{,}75\,m^2) =$ **40 m²**

2 a) $A = A_1 + A_2 = 12{,}25\,m^2 + 35\,m^2 =$ **47,25 m²**
b) $A = A_1 + A_2 = 6{,}28\,m^2 + 27\,m^2 =$ **33,28 m²**

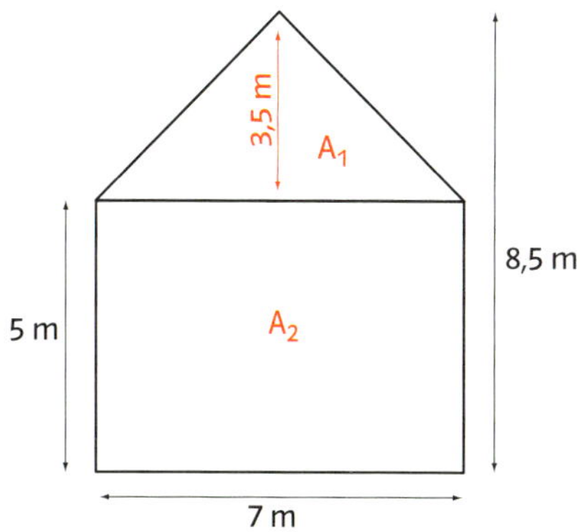

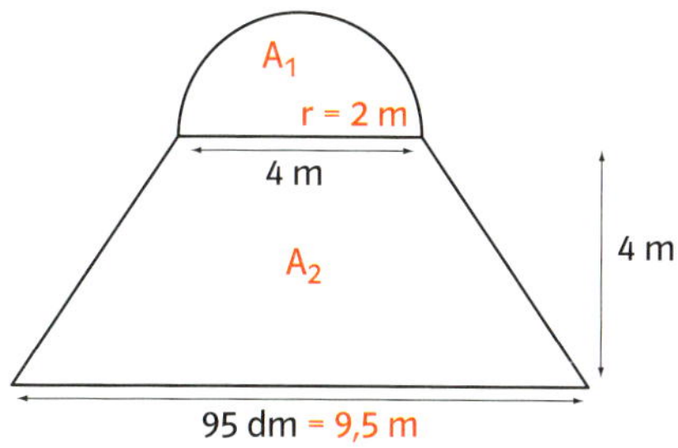

c) Die Figur besteht aus zwei Viertelkreisen und einem rechtwinkligen Dreieck. Der Radius der Viertelkreise ist $r = 8\,cm$. Somit folgt:
Flächeninhalt: $A = 2 \cdot [\pi \cdot (8\,cm)^2 : 4] + \frac{1}{2} \cdot 8\,cm \cdot 8\,cm = 100{,}48\,cm^2 + 32\,cm^2 =$ **$132{,}48\,cm^2$**

Seite 87

3 $A_1 = 5\,cm^2$
$A_2 = 2{,}1\,cm^2$
$A_3 = 7{,}44\,cm^2$
$A_4 = 7{,}83\,cm^2$
$A_5 = 0{,}72\,cm^2$
$A_6 = 2{,}1\,cm^2$
Gesamtfläche = $25{,}19\,cm^2$

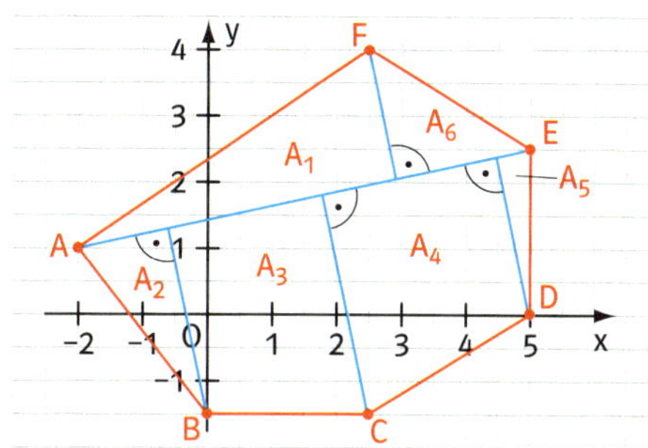

4 $A = 7 \cdot \frac{1}{2} \cdot 1{,}2\,cm \cdot 1{,}2\,cm = 5{,}04\,cm^2$

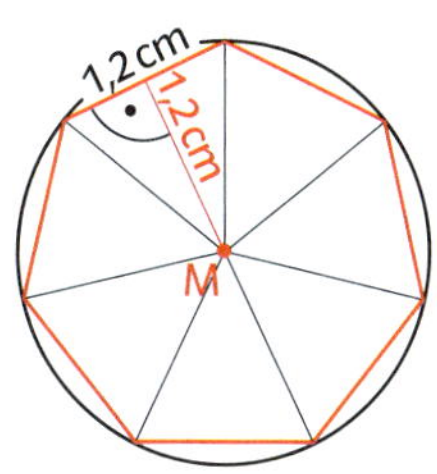

5 a) Die markierte Fläche ist die Kreisfläche minus der Quadratfläche:
$A = \pi \cdot (3\,cm)^2 - (4{,}24\,cm)^2 =$ **$10{,}28\,cm^2$**.
Umfang = Kreisumfang + Quadratumfang: $u = 2\pi \cdot 3\,cm + 4 \cdot 4{,}24\,cm =$ **$35{,}8\,cm$**

b) Die markierte Fläche ist die Kreisfläche minus der Fläche des regelmäßigen Fünfecks:
$A = \pi \cdot (3{,}4\,cm)^2 - 5 \cdot \left(\frac{1}{2} \cdot 4 \cdot 2{,}75\,cm\right) =$ **$8{,}8\,cm^2$**.
Umfang = Kreisumfang + Fünfeckumfang: $u = 2\pi \cdot 3{,}4\,cm + 5 \cdot 4\,cm = 41{,}35\,cm$

c) Die markierte Fläche ist die Fläche eines Viertelquadrats minus der Fläche des Viertelkreises: $A = (8\,cm)^2 - \pi \cdot (8\,cm)^2 : 4 =$ **$13{,}76\,cm^2$**.
Der Umfang besteht aus einem Viertelkreisbogen plus 2 halben Quadratseiten:
$u = 2 \cdot \pi \cdot 8\,cm : 4 + 16\,cm =$ **$28{,}56\,cm$**.

28 – 22 Punkte	**21 – 14 Punkte**	**unter 14 Punkte**
sehr gut bis gut	befriedigend bis ausreichend	nicht mehr ausreichend

Kapitel 8: Abbildungen in der Ebene

Aufgaben

Seite 88

1

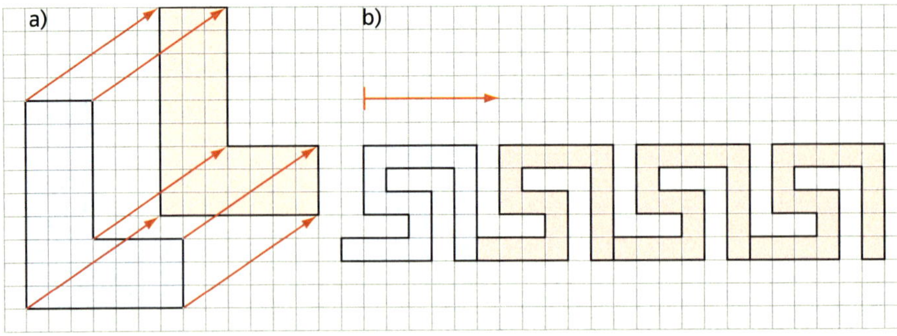

2 Die Koordinaten von B′ und C′ sind:
B′ (7 | 1); C′ (4 | 4)

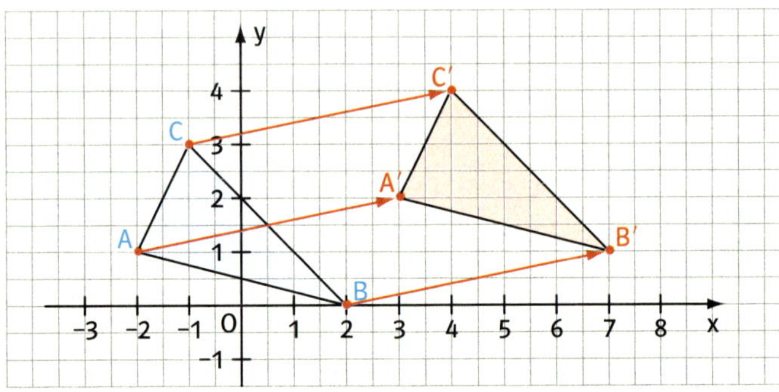

Seite 89

3

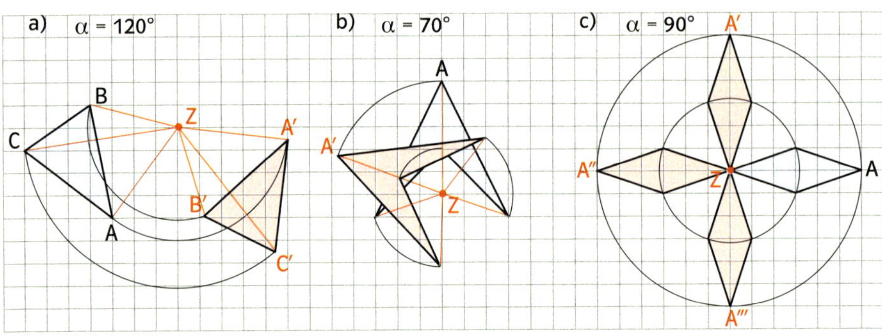

Seite 90

4

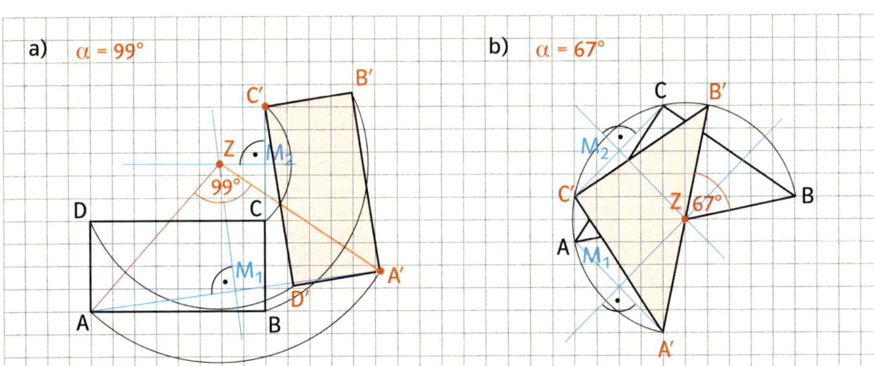

5
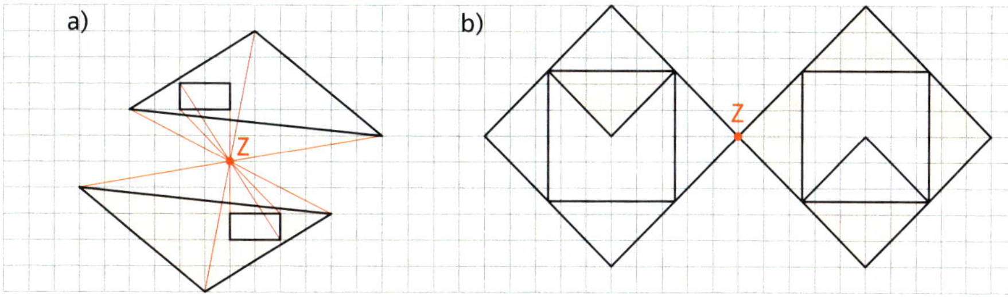

6
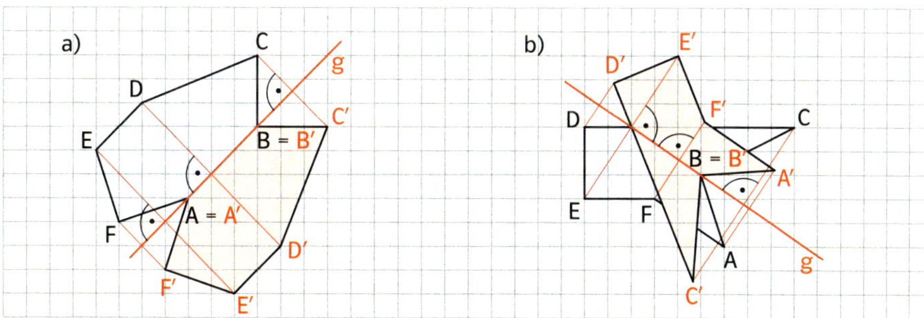

7
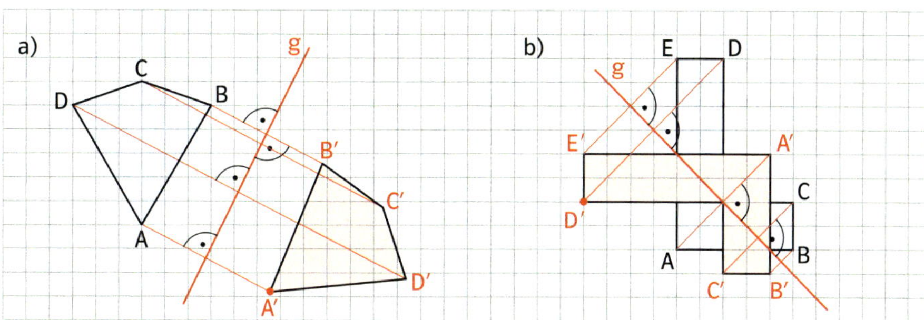

Seite 92

8 Zuerst muss die Drehung D ausgeführt werden. Man erhält das Dreieck A′B′C′. Anschließend spiegelt man A′B′C′ an der y-Achse und erhält das Dreieck A″B″C″.

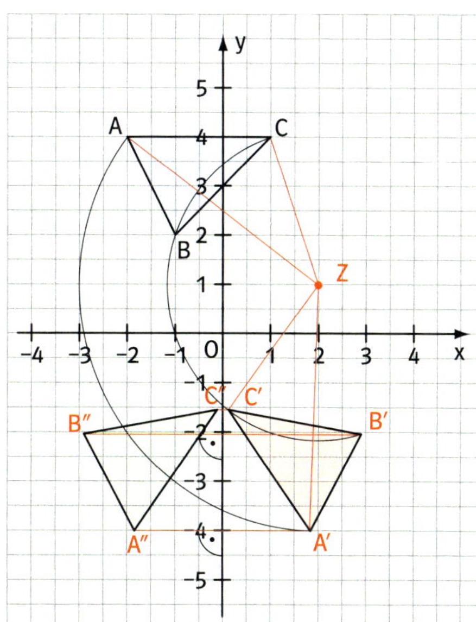

9 a) Zuerst muss das Dreieck ABC an der y-Achse gespiegelt werden. Man erhält das blaue Dreieck A′B′C′; die anschließende Spiegelung an der x-Achse ergibt das gelbe Dreieck A″B″C″.

b) Jetzt muss das Dreieck ABC zuerst an der x-Achse gespiegelt werden. Man erhält das rote Dreieck A′B′C′. Durch die anschließende Spiegelung an der y-Achse erhält man dasselbe Dreieck A″B″C″ wie in a).
Es gilt allgemein: Spiegelt man eine Figur nacheinander an zwei zueinander senkrechten Achsen, so ist es egal, an welcher Achse man zuerst spiegelt.

c) Die zweifache Spiegelung an zwei zueinander senkrechten Achsen ist identisch mit einer Punktspiegelung am Schnittpunkt beider Achsen.

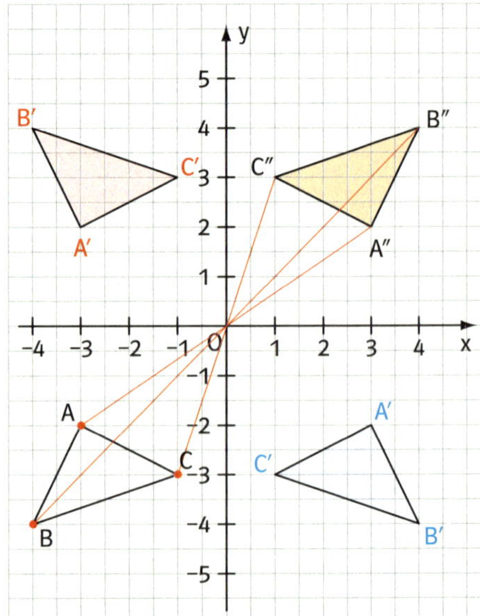

Seite 93 10

gleichseitiges Dreieck:

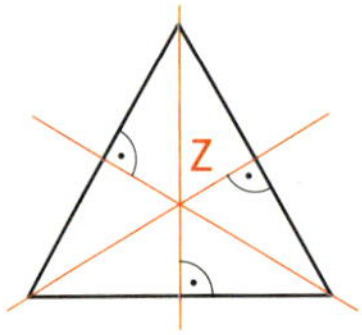

3 Spiegelachsen; 1 Drehzentrum mit α = 120°

Rechteck:

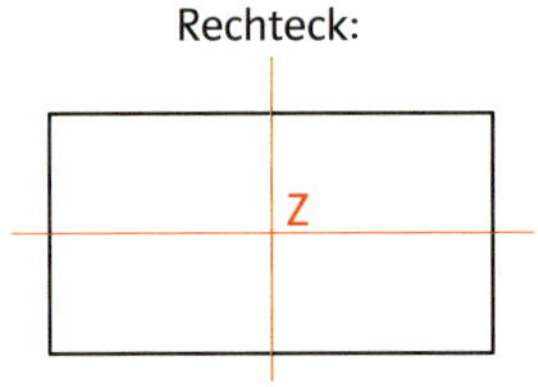

2 Spiegelachsen; 1 Drehzentrum mit α = 180°; 1 Spiegelzentrum

Parallelogramm:

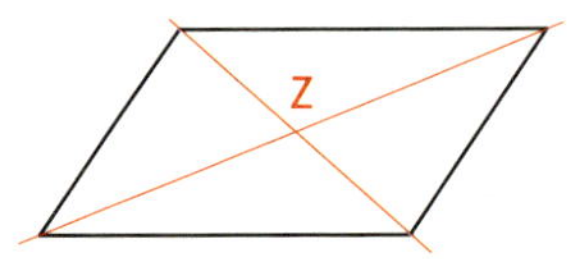

1 Drehzentrum mit α = 180°; 1 Spiegelzentrum

gleichschenkliges Trapez:

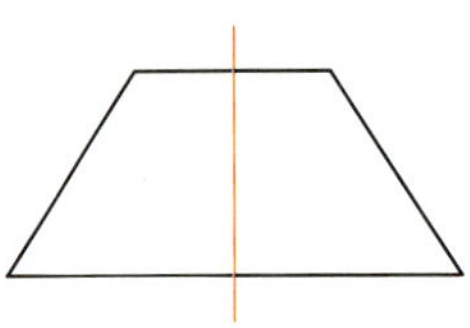

1 Spiegelachse

Drachen:

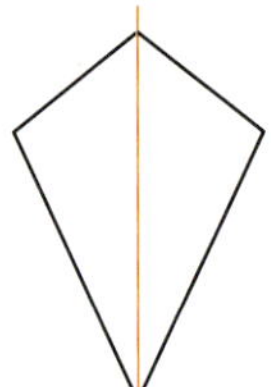

1 Spiegelachse

Quadrat:

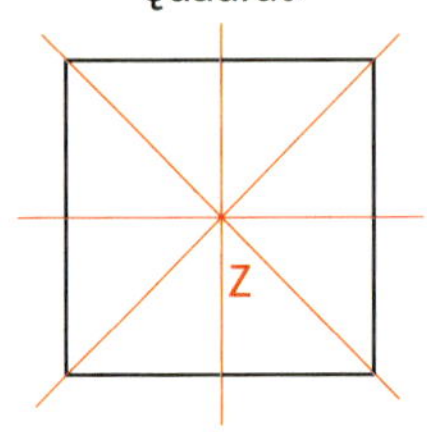

4 Spiegelachsen; 1 Drehzentrum mit α = 90°; 1 Spiegelzentrum;

Raute:

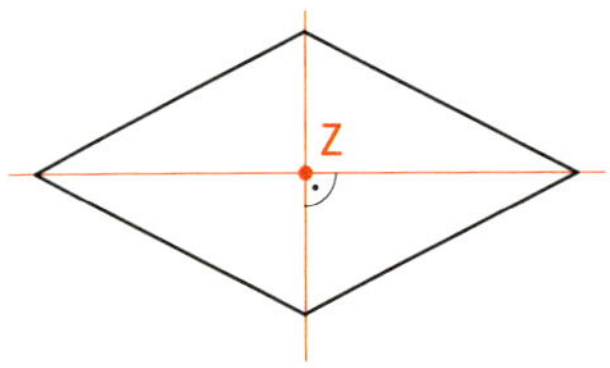

2 Spiegelachsen; 1 Drehzentrum mit α = 180°; 1 Spiegelzentrum

gleichschenkliges Dreieck:

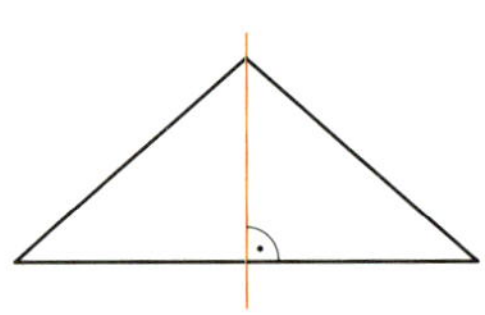

1 Spiegelachse

Kreis:

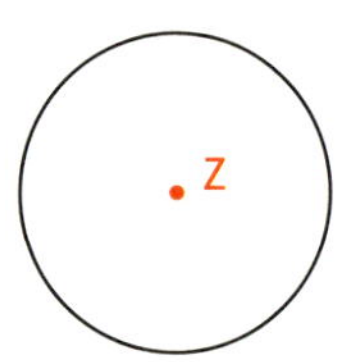

beliebig viele Spiegelachsen; 1 Drehzentrum mit beliebigem Drehwinkel; 1 Spiegelzentrum = Mittelpunkt

11

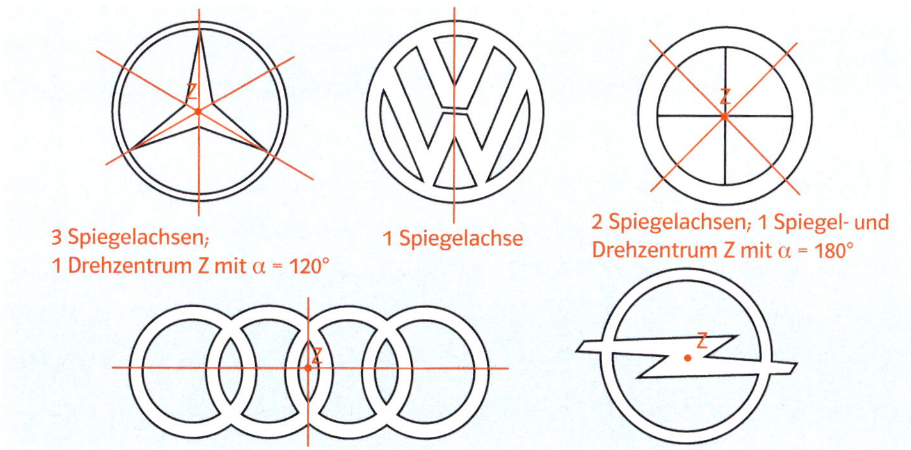

3 Spiegelachsen;
1 Drehzentrum Z mit α = 120°

1 Spiegelachse

2 Spiegelachsen; 1 Spiegel- und Drehzentrum Z mit α = 180°

2 Spiegelachsen; 1 Spiegelzentrum und Drehzentrum Z mit α = 180°

1 Spiegelzentrum und Drehzentrum Z mit α = 180°

Training plus

Seite 94

77 Indem man an den Großbuchstaben „A" einen Strich setzt: A′.

78 Alle Verschiebungspfeile sind parallel zueinander und gleich lang.

79 gegen den Uhrzeigersinn

80 Man zeichnet die Mittelsenkrechten der Strecken AA′ und BB′. Der Schnittpunkt beider Mittelsenkrechten ist das Drehzentrum.

81 Das Zentrum einer Punktspiegelung ist die Mitte der Strecke AA′.

82 Die Spiegelachse einer Achsenspiegelung ist die Mittelsenkrechte der Strecke AA′.

83 „A ∘ B" heißt: „A nach B". Zuerst muss also die Abbildung B durchgeführt werden.

84 Wenn die Figur durch eine Spiegelung an einer (geeigneten) Achse auf sich selbst abgebildet werden kann.

85 Wenn die Figur durch eine Spiegelung an einem (geeigneten) Punkt auf sich selbst abgebildet werden kann.

86 Wenn die Figur durch eine Drehung mit einem entsprechenden Winkel α um ein Zentrum auf sich selbst abgebildet werden kann.

87 Alle Punkte, die auf der Achse liegen, sind Fixpunkte; sie ändern bei einer Achsenspiegelung ihre Lage nicht.

Abschlusstest

Seite 95

1

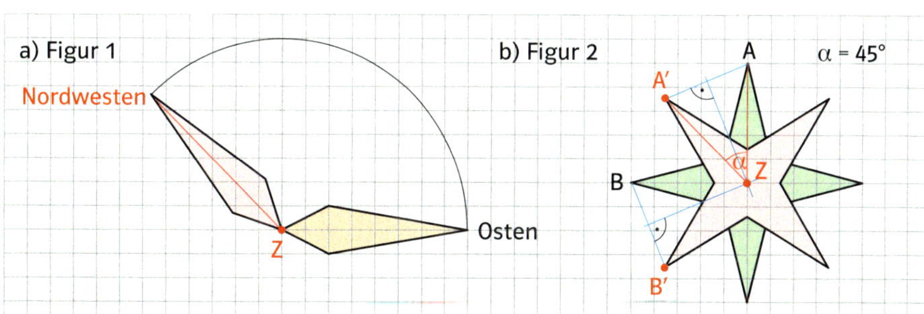

2

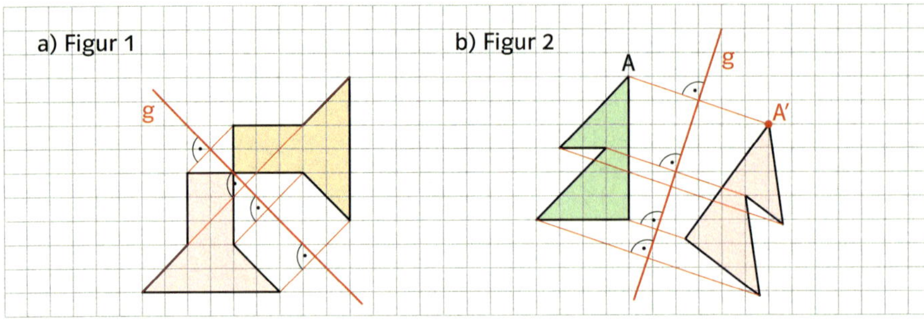

3 Zuerst muss das Dreieck ABC am Zentrum Z gespiegelt werden. Anschließend dreht man das Dreieck A'B'C' mit 60° um Z. Man erhält das blaue Dreieck A"B"C".

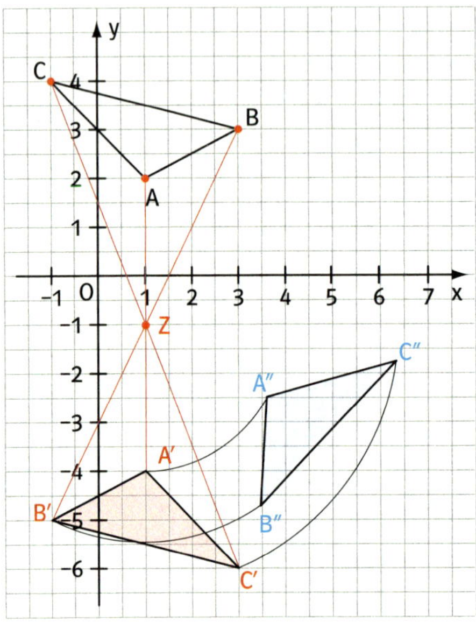

4 Zuerst muss das Dreieck ABC verschoben werden. Anschließend spiegelt man das Dreieck A'B'C' am Zentrum Z und erhält das blaue Dreieck A"B"C".

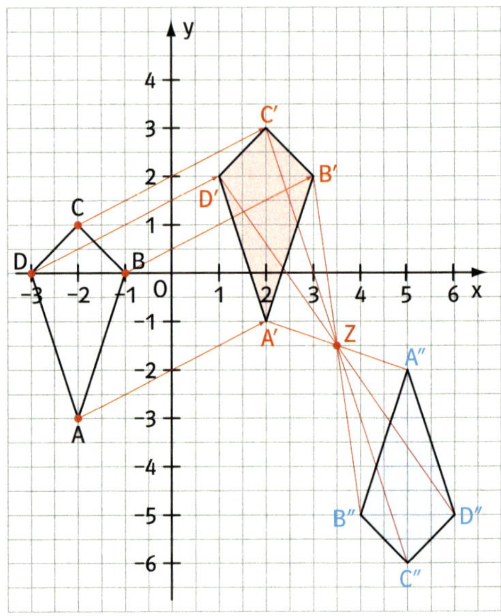

8 - 6 Punkte	5 - 3 Punkte	unter 3 Punkte
sehr gut bis gut	befriedigend bis ausreichend	nicht mehr ausreichend

Kapitel 9: Berechnung von Zufallsexperimenten

Aufgaben

Seite 96 1 a) W = Wappen; Z = Zahl. Ergebnismenge: S = {W; Z}
b) W = Wappen; Z = Zahl. Ergebnismenge: S = {(W; W); (W; Z); (Z; W); (Z; Z)}

2 A ≙ Mannschaft A gewinnt; B ≙ Mannschaft B gewinnt; U ≙ unentschieden.
Ergebnismenge: S = {A; B; U}

Seite 97 3 S = { 1; 2; 3; 4; 5; 6; 7; 8; 9; v}; v ≙ vorbei

4 a) S = { A; B; C}
b) S = { (A; A); (A; B); (A; C); (B; B); (B; A); (B; C); (C; C); (C; A); (C; B)}

5 a) S = {(W; W); (Z; Z)}
b) B = {(W; W); (W; Z); (Z; W)}

6 A = {(1; 1); (2; 2); (3; 3); (4; 4); (5; 5); (6; 6)}
B = {(1; 1); (1; 2); (2; 1); (2; 2)}
C = {(1; 3); (3; 1); (2; 2)}

Seite 98

7 r ≙ rot; g ≙ grün; b ≙ blau
A = {(r; r); (g; g); (b; b)}
B = {(r; g); (r; b); (g; r); (g; b); (b; r); (b; g)}

8 2 4 2 3 1; 3 4 4 1 2; 3 1 3 2 4; 1 2 1 3 3
A: Die angezeigte Zahl ist gerade. $H_A = 9$; $h_A = \frac{9}{20}$
B: Die angezeigt Zahl ist kleiner als 4: $H_B = 16$; $h_B = \frac{16}{20} = \frac{4}{5}$

Seite 99

9 Zahl der Schüler = 500

Bus	Auto	Mofa	Fahrrad	Zu Fuß
285	7	65	95	48
$h_B = 0{,}57 = 57\,\%$	$h_A = 0{,}014 = 1{,}4\,\%$	$h_M = 0{,}13 = 13\,\%$	$h_F = 0{,}19 = 19\,\%$	$h_{Fuß} = 0{,}096 = 9{,}6\,\%$

Säulendiagramm:

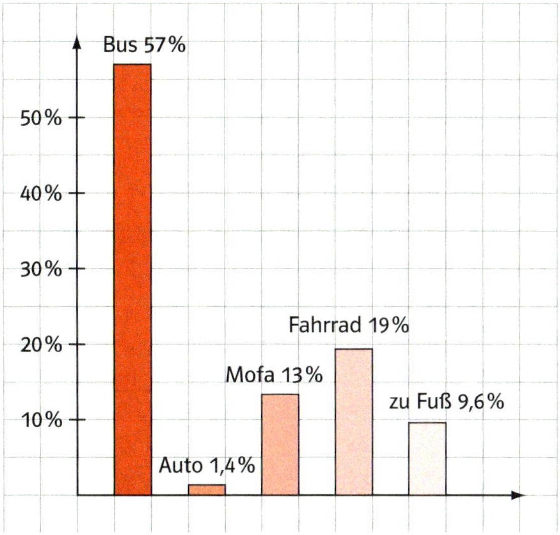

Seite 100

10 a)

Zahl der Befragten	100	200	300	400	500	600	700
Stimmen für Kandidat	25	84	90	156	165	216	245
Relative Häufigkeit	0,25	0,42	0,30	0,39	0,33	0,36	0,35

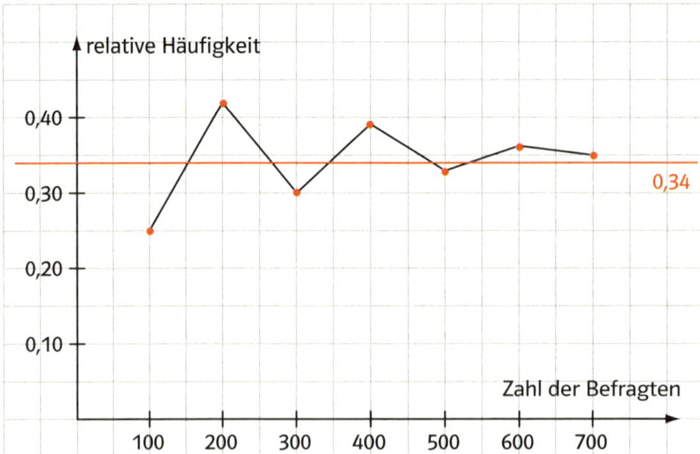

b) Der Stimmenanteil pendelt sich bei **34 % bis 35 %** ein.

11 a)

Zahl der Drehungen	50	100	150	200	250	300	350
Absolute Häufigkeit	33	68	120	154	181	228	264
relative Häufigkeit	**0,660**	**0,680**	**0,80**	**0,770**	**0,724**	**0,760**	**0,754**

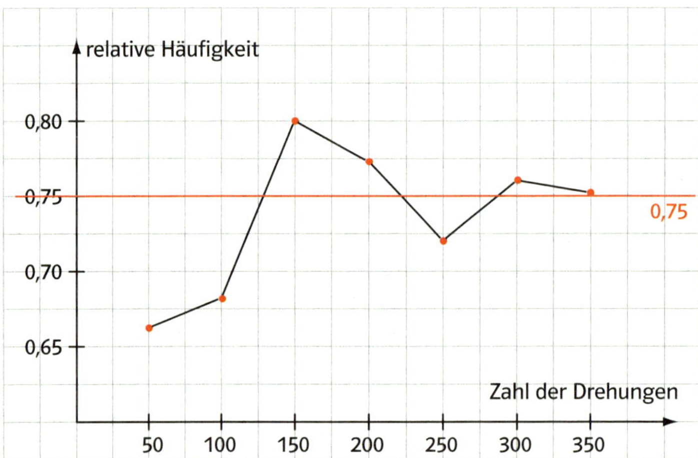

b) Der Idealwert ist $\frac{3}{4}$ = **0,75**, da $\frac{3}{4}$ des Rades grün markiert sind.

Seite 101

12 a) Jedes Los wird mit der gleichen Wahrscheinlichkeit gezogen.

b) erstes Los ein Gewinn: $p = \frac{10}{200}$ = **0,05 = 5 %**

erstes Los ein Trostpreis: $p = \frac{50}{200}$ = **0,25 = 25 %**

erstes Los eine Niete: $p = \frac{140}{200}$ = **0,70 = 70 %**

13 a) Jede Kugel wird mit der gleichen Wahrscheinlichkeit gezogen.

b) A: Die gezogene Zahl ist größer als 2: $p = \frac{6}{8}$ = **0,75 = 75 %**.

B: Die gezogene Kugel ist grün: $p = \frac{3}{8}$ = **0,375 = 37,5 %**.

C: Die gezogene Zahl ist ungerade: $p = \frac{4}{8}$ = **0,50 = 50 %**.

14 Der rote Spieler muss eine „2", eine „3" oder eine „5" werfen, um den gelben Spieler herauswerfen zu können. Seite 102
Damit ist die Wahrscheinlichkeit: $p = \frac{3}{6} = 0{,}50 = 50\,\%$.

15 a) Durchschnittliche Einnahmen pro Getränk:
$= 0{,}25 \cdot 2{,}50\,€ + 0{,}60 \cdot 3{,}60\,€ + 0{,}10 \cdot 2{,}80\,€ + 0{,}05 \cdot 2{,}10\,€ = 3{,}17\,€$
b) Einnahmen an einem Abend $= 3{,}17\,€ \cdot 350 = 1109{,}50\,€$

Training plus

Seite 103

88 Der Ausgang eines Zufallsexperiments muss ungewiss sein. Außerdem muss das Zufallsexperiment beliebig oft unter den gleichen Bedingungen wiederholt werden können. Zufallsexperimente sind: Das Werfen eines Würfels oder einer Münze, das Drehen eines Glücksrads oder das Ziehen aus einer Lostrommel (mit Zurücklegen).

89 Eine Ereignismenge ist immer Teilmenge der Ergebnismenge. Die Elemente der Ergebnismenge sind durch das Zufallsexperiment festgelegt. Bei einem Würfelexperiment ist die Ergebnismenge = {1; 2; 3; 4; 5; 6}. Dagegen muss man ein Ereignis A erst definieren. Zum Beispiel das Ereignis A: *„Es fällt eine gerade Zahl"*. Dann ist die Ereignismenge A = {2; 4; 6}.

90 Man beschreibt einen Ausgang eines zweistufigen Zufallsexperimentes mit einem geordneten Paar. Beim zweimaligen Würfeln zum Beispiel mit (1; 4), wenn beim ersten Wurf die „1" und beim zweiten Wurf die „4" gefallen ist.

91 Die absolute Häufigkeit ist die Anzahl, mit der das Ereignis A eingetreten ist. Die relative Häufigkeit des Ereignisses A erhält man, indem man die absolute Häufigkeit durch n teilt.

92 Indem man jedem Ereignis seine absolute oder relative Häufigkeit zuordnet.

93 Indem man das Zufallsexperiment sehr oft durchführt und sich die absolute Häufigkeit des Ereignisses A notiert. Indem man dann durch die Zahl der durchgeführten Zufallsexperimente teilt, erhält man die relative Häufigkeit.

94 Wenn man ein Zufallsexperiment sehr oft durchführt, stabilisieren sich die beobachteten relativen Häufigkeiten bei einem Idealwert, der Wahrscheinlichkeit.

95 bei Meinungsumfragen oder bei Qualitätskontrollen von Produkten

96 Mit der Laplace-Formel kann man die Wahrscheinlichkeit P_A eines Ereignisses A berechnen:
$$P_A = \frac{\text{Anzahl der Elementarereignisse, bei denen A eintritt}}{\text{Anzahl aller möglichen Elementarereignisse}}$$

97 Alle Elementarereignisse des Zufallsexperiments müssen die gleiche Wahrscheinlichkeit haben.

98 Man berechnet jedes Produkt zwischen einem Elementarereignis und seiner jeweiligen relativen Häufigkeit. Der Durchschnitt ist dann die Summe aller dieser Produkte.

99 Die Wahrscheinlichkeit für das Erscheinen eines Feldes mit dem Mittelpunktwinkel α ist $P = \frac{\alpha}{360°}$. (Beachte, dass das ganze Glücksrad 360° umfasst.)

Abschlusstest

1 A = {(1; 4); (4; 1); (2; 3); (3; 2)} Seite 104
B = { }. Die Ereignismenge ist leer. Weil man die erste Kugel nicht zurücklegt, kann man nicht zweimal eine Kugel derselben Farbe ziehen.

2 a) Insgesamt wurden 1000 Getränke bestellt. Die Wahrscheinlichkeit, dass ein Gast ein Bier bestellt, ist: $p = \frac{354}{1000} = 0{,}354 = 35{,}4\,\%$.

b) Relative Häufigkeiten:

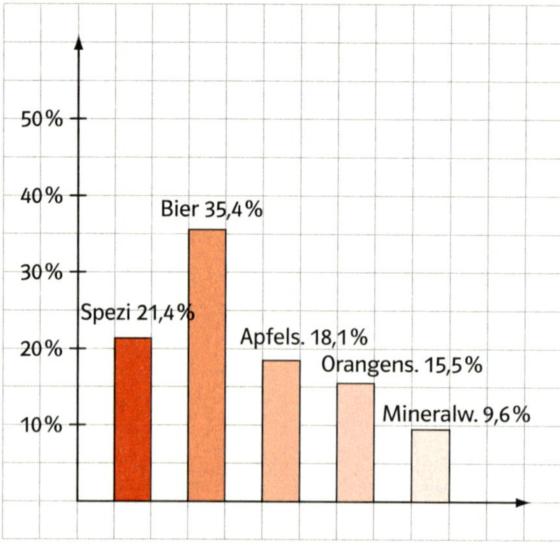

Seite 105

3 A: Es gibt 4 Buben, $P = \frac{4}{32} = \frac{1}{8} =$ **12,5%**.

B: Es gibt 2 rote Damen, $P = \frac{2}{32} =$ **6,25%**.

C: Es gibt 8 Kreuz-Karten, $P = \frac{8}{32} = \frac{1}{4} =$ **25%**.

4 a) 33 Schüler

b) relative Häufigkeiten:

Note	1,0	1,5	2,0	2,5	3,0	3,5	4,0	4,5	5,0
Anzahl	1	2	4	7	8	5	3	2	1
relative H.	$\frac{1}{33}$	$\frac{2}{33}$	$\frac{4}{33}$	$\frac{7}{33}$	$\frac{8}{33}$	$\frac{5}{33}$	$\frac{3}{33}$	$\frac{2}{33}$	$\frac{1}{33}$

Notendurchschnitt

$= \frac{1}{33} \cdot 1{,}0 + \frac{2}{33} \cdot 1{,}5 + \frac{4}{33} \cdot 2{,}0 + \frac{7}{33} \cdot 2{,}5 + \frac{8}{33} \cdot 3{,}0 + \frac{5}{33} \cdot 3{,}5 + \frac{3}{33} \cdot 4{,}0 + \frac{2}{33} \cdot 4{,}5 + \frac{1}{33} \cdot 5{,}0$

$= \frac{97}{33} =$ **2,94**

5 a) relative Häufigkeit für „Treffer" $= \frac{20}{30} = \frac{2}{3} =$ **66,67%**

relative Häufigkeit für „Vorbei" $= \frac{10}{30} = \frac{1}{3} =$ **33,33%**

b) Man berechnet zunächst Herberts durchschnittlichen Gewinn pro Wurf. Dabei muss man bei „Vorbei" mit „– 50 Cent" rechnen und bei Treffer mit „+ 30 Cent".

Herberts Gewinn $= \frac{2}{3} \cdot 30\,\text{ct} + \frac{1}{3} \cdot (-50\,\text{ct}) = \frac{10}{3}\,\text{ct}$ pro Wurf. Bei 60 Würfen ist das ein **Gewinn von 2 €** $\left(= 60 \cdot \frac{10}{3}\,\text{ct}\right)$. Robin sollte die Wette nicht eingehen.

16 – 13 Punkte	**12 – 8 Punkte**	**unter 8 Punkte**
sehr gut bis gut	befriedigend bis ausreichend	nicht mehr ausreichend

Formelsammlung

Kapitel 1: Bruchrechnung

Bruch	$\frac{a}{b}$ heißt Bruch (mit $a, b \in \mathbb{Z}$ und $b \neq 0$). a ist der Zähler, b ist der Nenner des Bruchs.
Kehrwert	$\frac{b}{a}$ ist der Kehrwert von $\frac{a}{b}$. Es gilt: $\frac{b}{a} \cdot \frac{a}{b} = 1$.
Erweitern	Zähler und Nenner werden mit der gleichen Zahl multipliziert. Es gilt: $\frac{a}{b} = \frac{a \cdot c}{b \cdot c}$, mit $c \neq 0$.
Kürzen	Zähler und Nenner werden durch die gleiche Zahl dividiert. Es gilt: $\frac{a}{b} = \frac{a : c}{b : c}$, wobei a und b teilbar sind durch c (mit $c \neq 0$).
Addition und Subtraktion gleichnamiger Brüche	Zwei Brüche heißen gleichnamig, wenn sie den gleichen Nenner haben. Es gilt: $\frac{a}{b} + \frac{c}{b} = \frac{a + c}{b}$ bzw. $\frac{a}{b} - \frac{c}{b} = \frac{a - c}{b}$. Ungleichnamige Brüche müssen vor der Addition bzw. Subtraktion auf den kleinsten gemeinsamen Nenner (= Hauptnenner) erweitert werden.
Multiplikation und Division	$\frac{a}{b} \cdot \frac{c}{d} = \frac{a \cdot c}{b \cdot d}$ und $\frac{a}{b} : \frac{c}{d} = \frac{a}{b} \cdot \frac{d}{c} = \frac{a \cdot d}{b \cdot c}$

Kapitel 2: Dezimalbrüche

Dezimalschreibweise	Die Stellen rechts vom Komma geben die Zehntel, Hundertstel, Tausendstel, … an, z.B. $1{,}375 = 1 + \frac{3}{10} + \frac{7}{100} + \frac{5}{1000}$.
Größenvergleich	Von zwei Dezimalbrüchen ist derjenige größer, der von links nach rechts gelesen an der gleichen Stelle zuerst die größere Ziffer hat, z.B. $2{,}345 > 2{,}315$.

Kapitel 3: Rationale Zahlen

Zahlenmengen	natürliche Zahlen $\mathbb{N} = \{0; 1; 2; 3; \ldots\}$ ganze Zahlen $\mathbb{Z} = \{\ldots; -3; -2; -1; 0; 1; 2; 3; \ldots\}$ rationale Zahlen $\mathbb{Q} = \left\{\frac{p}{q}, \text{mit } p, q \in \mathbb{Z} \text{ und } q \neq 0\right\}$ $\mathbb{Q}$ enthält alle natürlichen, alle ganzen Zahlen und alle positiven und negativen Brüche und Dezimalbrüche.
Vorzeichenregeln	$a + (+b) = a + b$; $a - (-b) = a + b$ $a + (-b) = a - b$; $a - (+b) = a - b$ Multiplikation und Division: Bei gleichen Vorzeichen erhält man Plus, bei unterschiedlichen Vorzeichen Minus. $(+a) \cdot (+b) = +a \cdot b$; $(+a) \cdot (-b) = -a \cdot b$ $(-a) \cdot (-b) = +a \cdot b$; $(-a) \cdot (+b) = -a \cdot b$
Distributivgesetze	$a \cdot (b + c) = a \cdot b + a \cdot c$ bzw. $(b + c) \cdot a = b \cdot a + c \cdot a = a \cdot b + a \cdot c$ $(b + c) : a = b : a + c : a$

Kapitel 4: Dreisatzrechnung

proportionale Zuordnung	3 Brötchen kosten 0,75 €, wie viel kosten 5 Brötchen? Auf beiden Seiten des Dreisatzschemas muss die **gleiche Rechenoperation** durchgeführt werden. :3 (3 Brötchen → 0,75 €) :3 1 Brötchen → 0,25 € ·5 (5 Brötchen → 1,25 €) ·5
umgekehrt proportionale Zuordnung	4 Freunde teilen sich eine Tüte aus 36 Bonbons. Wie viele Bonbons würde jeder bekommen, wenn es 6 Freunde wären? Auf beiden Seiten des Dreisatzschemas muss die **entgegengesetzte Rechenoperation** durchgeführt werden. :4 (4 Freunde → 36 Bonbons) ·4 1 Freund → 144 Bonbons ·6 (6 Freunde → 24 Bonbons) :6

Kapitel 5: Prozentrechnung

Grundbegriffe	Grundwert G: das Ganze Prozentwert W: ein Teil vom Ganzen Prozentzahl p: $p = (W:G) \cdot 100$ Prozentsatz p%: $p\,\% = \frac{p}{100}$
Berechnungen	Die fehlende der drei Größen G, W und p kann mit der Dreisatzrechnung berechnet werden. Dabei gilt: $G \triangleq 100\,\%$ bzw. $100\,\% \triangleq G$ und $p\,\% \triangleq W$

Kapitel 6: Winkel

Winkelarten	Nullwinkel: $\alpha = 0°$, Vollwinkel: $\alpha = 360°$, spitzer Winkel: $0° < \alpha < 90°$; rechter Winkel: $\alpha = 90°$, stumpfer Winkel: $90° < \alpha < 180°$, gestreckter Winkel: $\alpha = 180°$, überstumpfer Winkel: $180° < \alpha < 360°$
Winkel im Dreieck	Die Summe aller Innenwinkel beträgt 180°. Die Summe aller Außenwinkel beträgt 360°.

Kapitel 7: Flächen und Umfang

Quadrat	$A = a \cdot a = a^2$	$u = 4a$
Rechteck	$A = a \cdot b$;	$u = 2a + 2b$
Dreieck	$A = \frac{1}{2} a \cdot h_a$ oder $A = \frac{1}{2} b \cdot h_b$ oder $A = \frac{1}{2} c \cdot h_c$; bzw. $A = \frac{1}{2} g \cdot h$; mit $g \triangleq$ Grundseite und $h \triangleq$ Höhe über der Grundseite	$u = a + b + c$
Parallelogramm	$A = a \cdot h_a$	$u = 2a + 2b$
Trapez	$A = \frac{1}{2}(a + c) \cdot h$; mit $a \parallel c$, $h \triangleq$ Abstand zwischen a und c	$u = a + b + c + d$
Drachen	$A = \frac{1}{2} e \cdot f$; mit den Diagonalen e und f	$u = 2a + 2b$
Raute	$A = \frac{1}{2} e \cdot f$; mit den Diagonalen e und f	$u = 4a$
Kreis	$A = \pi \cdot r^2$	$u = 2\pi r$; mit $\pi \approx 3{,}14$

Kapitel 8: Abbildungen in der Ebene

Verschiebung	Der Punkt P wird durch einen Verschiebungspfeil auf den Bildpunkt P′ abgebildet.
Drehung	Der Punkt P wird durch eine Drehung um das Drehzentrum Z mit dem Winkel α entgegen dem Uhrzeigersinn gedreht. Der Radius der Drehung ist $\overline{PZ}$. Es gilt: $\overline{PZ} = \overline{P'Z}$.
Punktspiegelung	Der Punkt P wird am Spiegelzentrum Z gespiegelt. Z ist die Mitte zwischen P und P′. Es gilt: $\overline{PZ} = \overline{P'Z}$.
Achsenspiegelung	Der Punkt P wird an der Spiegelachse g gespiegelt. g ist die Mittelsenkrechte zwischen P und P′.
Verknüpfung A ∘ B	Man liest: *„A nach B"*. Die Abbildung B muss zuerst ausgeführt werden. Anschließend bildet man den ersten Bildpunkt P′ mit der Abbildung A auf den zweiten Bildpunkt P″ ab.

Kapitel 9: Berechnung von Zufallsexperimenten

absolute Häufigkeit H	Wenn das Ereignis A bei einem Zufallsexperiment H-mal eintritt, ist H die absolute Häufigkeit des Ereignisses A.
relative Häufigkeit h	Wird ein Zufallsexperiment n-mal durchgeführt, ist die relative Häufigkeit h des Ereignisses A: $h = \frac{H}{n}$
Laplace-Formel	Haben alle Elementarereignisse eines Zufallsexperiments die gleiche Wahrscheinlichkeit, so gilt für die Wahrscheinlichkeit P_A eines Ereignisses A: $P_A = \frac{\textbf{Anzahl der Elementarereignisse, bei denen A eintritt}}{\textbf{Anzahl aller möglichen Elementarereignisse}}$
Durchschnitt einer Häufigkeitsverteilung	Aus allen relativen Häufigkeiten $h_1, h_2, h_3, \ldots h_n$, und allen Ereignissen $e_1, e_2, e_3, \ldots, e_n$ kann der Durchschnitt ∅ einer Häufigkeitsverteilung berechnet werden. Es gilt: $\varnothing = h_1 \cdot e_1 + h_2 \cdot e_2 + h_3 \cdot e_3 + \ldots + h_n \cdot e_n$

Stichwortverzeichnis